Ingenieurbiologie

Uferschutzwald an Fließgewässern

Jahrbuch 1980 der Gesellschaft für Ingenieurbiologie e.V.

Karl Krämer Verlag Stuttgart

Impressum

Herausgeber: Professor Wolfram Pflug
Gesellschaft für Ingenieurbiologie e. V.,
Trierer Straße 269,
5100 Aachen,
Tel. 02 41/5 93 61
Tel. 02 41/80 50 50

Schriftleiter: Professor Dr.-Ing. Dieter Boeminghaus
Steinkaulstraße 21
5100 Aachen

Übersetzung Englisch: R. Dewhearst
Buchgestaltung, Layout: Dieter Boeminghaus
Einbandgestaltung: K.-H. Jeiter
Satz und Druck: Druckerei Heinrich Fink GmbH + Co., Stuttgart
Printed in Germany 1982

ISBN 3-7828-1475-4

Inhaltsverzeichnis/Contents

4

Wolfram Pflug

Zur Gründung der Gesellschaft für Ingenieurbiologie

Der Begriff Ingenieurbiologie wurde Ende der dreißiger Jahre dieses Jahrhunderts geprägt. Unter Ingenieurbiologie wird seitdem eine biologisch ausgerichtete Ingenieurbautechnik verstanden, die sich biologischer und landschaftsökologischer Erkenntnisse bei der Errichtung und Erhaltung von Erd-, Wasser- und Verkehrswegebauten sowie bei der Sicherung instabiler Hänge und Ufer bedient. Kennzeichnend dabei ist, daß Pflanzen oder Pflanzenteile als lebende Baustoffe so eingesetzt werden, daß sie im Laufe ihrer Entwicklung in Verbindung mit Boden, Gestein und Bodenwasser den wesentlichen Beitrag zur dauerhaften Sicherung und Erhaltung leisten.

Ingenieurbiologische Bauweisen sind in ihrem Ursprung handwerkliche Technik. Sie werden seit altersher auf Grund von Erfahrung angewendet; ihre systematische wissenschaftliche Untersuchung in bezug auf Wirkungsweise, Leistungsfähigkeit, Anwendungsbereich, Pflege und Unterhaltung fehlt jedoch noch weitgehend. Nur einzelne Bauweisen sind bisher näher untersucht, verbessert oder neu entwickelt worden. Besondere Bedeutung hatte dabei die Frage nach geeigneten Pflanzenarten und deren Vermehrung, während der für die praktische ingenieursmäßige Anwendung wichtige rechnerische Nachweis über die Wirksamkeit dieser Bauweisen auf unterschiedlichen Standorten noch unzureichend untersucht worden ist. Eine kontinuierliche Forschung auf dem Gebiet der Ingenieurbiologie hat sich trotz einzelner Ansätze nicht entwickelt. Das für die praktische Anwendung von ingenieurbiologischen Bauweisen erforderliche handwerkliche Können ist zudem in den letzten Jahrzehnten mehr und mehr verloren gegangen, da in der Baupraxis diese Bauweisen nur in geringem Umfang angewendet worden sind.

Bei richtiger Anwendung und Pflege sind ingenieurbiologische Bauweisen in vielen Fällen vergleichbaren Bauweisen aus unbelebten Baustoffen überlegen. Die sich aus ingenieurbiologischen Bauweisen entwickelnden Vegetationsbestände erfüllen dabei nicht nur den angestrebten technischen Zweck, sondern haben darüber hinaus auch landschaftsästhetische und vor allen Dingen ökologische Funktionen.

Die Gesellschaft für Ingenieurbiologie will daher die Forschung auf dem Gebiet der Ingenieurbiologie beleben, den Gedanken- und Erfahrungsaustausch pflegen und dadurch die Anwendung ingenieurbiologischer Bauweisen als naturgemäße Bauweisen fördern. Das Jahrbuch soll dazu beitragen, diesen Zielen näher zu kommen.

Die Gesellschaft für Ingenieurbiologie wurde am 17. November 1979 in
Aachen gegründet. Gründungsmitglieder sind:

Ltd. Regierungsdirektor Dr. H. J. Bauer, Aachen
W. Begemann, Lennestadt
stud. bid. M. Bernardi, Bozen
Gartenbaudirektor W. Beyer, Bochum
Gartenbauamtmann P. Breuer, Koblenz
Ltd. Regierungsbaudirektor F. Bürkle, Stuttgart
Dr. H.-J. Dahl, Hannover
Professor Dr. H. Duthweiler, Höxter
Dr. F. Florineth, Schlanders/Südtirol
Regierungsrat Dr. P. Forster, Kempten
cand. ing. K. Hähne, Aachen
Dipl.-Ing. C.-R. Hess, Hannover
Professor Dr. H. Hiller, Berlin
Dipl.-Ing. R. Johannsen, Aachen
Professor Dr. Ing. Dr. Ing. E. h. E. Kirwald, Freiburg i. Br.
Professor Dr. F. Klötzli, Zürich
Dr. D. König, Kronshagen bei Kiel
Regierungsrat S. Kolb, Lahnstein
Professor Dr.-Ing. W. Leins, Aachen
Ltd. Regierungsbaudirektor K. Limpert, Münster
Dr. K. Meisel, Linz/Rhein
Dipl.-Ing. F. Meszmer, Mosbach
Akademischer Rat W. Nelihsen, Aachen
Dipl.-Ing. M. Noll, Aachen
Dr.-Ing. K. Obendorf, Wuppertal
Professor W. Pflug, Aachen
Professor Dr.-Ing. G. Rouvé, Aachen

Background Information on the society for Biological engineering

The term "biological engineering" was first formulated at the end of the 1930's and since then has come to be used to cover aspects of civil engineering which emphasise techniques based on the science of biology, particularly using the knowledge gained through biological and ecological studies of landscapes in the construction and maintenance of earthworks, water engineering and traffic routes as well as in the securing of unstable slopes, banks and shorelines. Characteristic of these measures is that plants or parts of plants are utilised as living construction materials which, in the course of growing together with earth, rock and groundwater, afford the greatest contribution to the permanent protection and preservation of the whole.

Construction measures using biological engineering are based on technical skills. For many years now, they have been applied in the light of experience; but systematic scientific research into the way in which they operate, their effectiveness, their scope, necessary care and upkeep is still largely lacking – investigation, improvements and new developments have been undertaken only in a few individual instances. Special significance has been attached to the choice of suitable plant species and to their methods of propagation; but there has been too little statistical research into the efficacy in practice of their use in engineering measures on differing sites. Despite some isolated efforts, no sustained research into biological engineering has been generated. The technical skills and knowledge which are essential requirements for the practical application of biological engineering are being forgotten, too, to an ever-increasing degree due to their very limited application in the field of construction work over the past decades.

Biological engineering methods in construction work, correctly applied and maintained, are in many cases far superior to comparable methods using inanimate building materials. The growth of vegetation cover resulting from biological engineering methods not only meets technical demands but also serves aesthetic considerations for the landscape as well as having, in particular, an ecological function.

The Society for Biological Engineering wishes, for all these reasons, to stimulate research into biological engineering and to encourage the exchange of ideas and knowledge so that the application of its methods in construction work may be promoted: its Yearbook should provide a contribution towards the success of these aims.

The Society for Biological Engineering was founded in Aachen on 17 November 1979.

Uferschutzwald an Fließgewässern erster und zweiter Ordnung

Jahrestagung 1980 der Gesellschaft für Ingenieurbiologie in Mosbach/ Baden

Vorwort des Herausgebers

Auf der ersten Tagung der Gesellschaft für Ingenieurbiologie am 26. und 27. September 1980 in Mosbach/Baden, die dem Thema »Uferschutzwald an Fließgewässern erster und zweiter Ordnung« gewidmet war, konnte der Vorsitzende der Gesellschaft, Professor W. Pflug, rund 200 Teilnehmer begrüßen. In seiner Einführung in das Tagungsthema wies Professor Pflug u. a. darauf hin, daß es bei dieser Tagung darauf ankomme, vor allem die Bedeutung, Wirkungsweise und Pflege von Uferschutzwäldern an Fließgewässern erster und zweiter Ordnung in Vorträgen und Diskussionen sowie an Beispielen zu erörtern. Dabei sollten u. a. folgende Fragen im Vordergrund stehen:

– Begriff Uferschutzwald
– Hydraulische, bodenkundliche und vegetationskundliche Grundlagen
– Beziehungen zwischen Uferschutzwald und Profilausbildung
– Hydraulische Wirkungen des Uferschutzwaldes bei verschiedenen Wasserständen und unterschiedlicher Gewässerbettausbildung
– Widerstandsverhalten des Uferschutzwaldes gegenüber dem angreifenden Wasser bei unterschiedlichen Fließverhältnissen (u. a. Wasserstand, Geschwindigkeit, Geschiebetransport, Eisgang) und Bodensubstraten (u. a. Korngröße, Struktur, Lagerung)
– Auswirkungen der oberirdischen Teile des Bewuchses (u. a. Rauhigkeit) und seiner unterirdischen Teile (u. a. »Wurzelfachwerk«) auf das Abflußverhalten und die Standsicherheit der Uferböschung
– Ökologische Wirkungen des Uferschutzwaldes
– Zieltypen und Bestandspflege.

Ein Teil dieser Fragen wurde in vier Vorträgen angesprochen.

Es sprachen:

Professor W. Pflug, Aachen, über Wasserschutzwald, Gewässerschutzwald, Uferschutzwald – eine Einführung in die Jahrestagung 1980 der Gesellschaft für Ingenieurbiologie e. V. in Mosbach/Baden (Seite 9)

Dipl.-Ing. F. Meszmer, Mosbach, über Baum und Strauch als Bau- und ökologisches Element an Fließgewässern (Seite 17)

Professor Dr.-Ing. Dr.-Ing. E. h. E. Kirwald, Freiburg i. Br., über den Nutzen und Schaden von Gehölzbewuchs an Fließgewässern (Seite 29).

Professor Dr.-Ing. G. Rouvé, Lehrstuhl für Wasserbau und Wasserwirtschaft der Technischen Hochschule Aachen, über naturnahen Flußbau aus der Sicht eines Bauingenieurs (Manuskript lag bei Drucklegung nicht vor).

Wolfram Pflug

Wasserschutzwald, Gewässerschutzwald, Uferschutzwald – eine Einführung in die Jahrestagung 1980 der Gesellschaft für Ingenieurbiologie e. V. in Mosbach/Baden

Forestry for the protection of groundwater, sheet water, banks and shorelines – an introduction to the 1980 Annual Conference of the Society for Biological Engineering in Mosbach, Baden

Zusammenfassung:
Die in der Literatur mehr oder weniger häufig vorkommenden Begriffe Wasserschutzwald, Gewässerschutzwald, Gewässerwald und Uferschutzwald werden mit ihrem Inhalt erörtert, miteinander verglichen und in ihrem Wandel dargestellt. Der Beitrag enthält Hinweise darüber, inwieweit diese Begriffe in Gesetze und Richtlinien Eingang gefunden haben. Der Begriff Uferschutzwald wird definiert.

Summary:
Discussion of terms more or less commonly used in specialist literature; "Groundwater Protection Forestry", "Sheet Water Protection Forestry", "Lacustrine and Riparian Forestry" and "Bank and Shoreline Protection Forestry", together with the extent of their significance. They are then compared, and the development of their meanings is discussed. Indication is given of the extent to which these terms have found acceptance in legal rules and regulations. The term "Bank and Shoreline Protection Forestry" is defined.

Die erste Jahrestagung der im Jahr 1979 gegründeten Gesellschaft für Ingenieurbiologie steht unter dem Thema »Uferschutzwald an Fließgewässern 1. und 2. Ordnung«. Mit dem Thema der Tagung soll ein Beitrag zu folgenden Fragen geleistet werden:
– Klärung des Begriffes Uferschutzwald und Prüfung seiner Verwendbarkeit
– Hydraulische, bodenkundliche und vegetationskundliche Grundlagen des Uferschutzwaldes
– Beziehungen zwischen Uferschutzwald und Profilausbildung
– Hydraulische Wirkungen des Uferschutzwaldes bei verschiedenen Wasserständen und unterschiedlicher Gewässerbettausbildung
– Widerstandsverhalten des Uferschutzwaldes gegenüber dem angreifenden Wasser bei unterschiedlichen Fließverhältnissen (u. a. Wasserstand, Strömungsgeschwindigkeit, Geschiebetransport, Eisgang) und Bodensubstraten (u. a. Korngröße, Struktur, Lagerung)
– Auswirkungen der oberirdischen Teile des Bewuchses (u. a. Rauhigkeit) und seiner unterirdischen Teile (u. a. Wurzelfachwerk) auf das Abflußverhalten und die Standsicherheit der Uferböschung
– Ökologische Wirkungen des Uferschutzwaldes und
– Zieltypen und Bestandspflege.
Zur ersten Frage sollen, gleichsam als Einführung in das Thema der Tagung, einige Anmerkungen vorausgeschickt werden.

Uferschutzwald – Hiffelbach oberhalb der Einmündung des Gewesterbaches bei Seckach im Neckar-Oden-
wald-Kreis.   Foto: W. Pflug

1. Zum Begriff Schutzwald

Unter Schutzwald verstand von RAESFELDT, bayerischer Forstbeamter aus niederrheinischem Geschlecht (er lebte von 1800 bis 1864) »alle Waldungen, deren Erhaltung und pflegliche Behandlung im Interesse der allgemeinen Wohlfahrt sich als notwendig erweisen« (BUSSE 1930). DANCKELMANN, ab 1866 einige Jahrzehnte lang Direktor der Forstakademie in Eberswalde, faßte den Begriff »Schutzwald« bereits enger und verstand darunter »alle Waldungen, die zum Schutz der öffentlichen Interessen gegen Gefahren dienen« (WEBER 1927, BUSSE 1930). Der Wald, der Gefahren abwendet, fand zu Beginn des vorigen Jahrhunderts Eingang in ein berühmt gewordenes Drama. Wer erinnert sich nicht des Zwiegespräches zwischen Vater und Sohn in Schillers Wilhelm Tell:

»Walter : Vater, ist's wahr, daß auf dem Berge dort
              Die Bäume bluten, wenn man einen Streich
              Drauf führte mit der Axt?
Tell: Wer sagt das, Knabe?
Walter: Der Meister Hirt erzählt's – Die Bäume seien
              gebannt, sagt er, und wer sie schädige,
              Dem wachse seine Hand heraus zum Grabe
Tell: Die Bäume sind gebannt, das ist die Wahrheit
              – siehst Du die Firnen dort, die weißen Hörner,
              Die hoch bis in den Himmel sich verlieren?
Walter: Das sind die Gletscher, die des Nachts so donnern
              Und uns die Schlaglawinen niedersenden
Tell: So ist's und die Lawinen hätten längst
              den Flecken Altdorf unter ihrer Last
              Verschüttet, wenn der Wald dort oben nicht
              Als eine Landwehr sich dagegen stellte«.

SCHILLER vollendete das Schauspiel 1803.
Der Gedanke der Abwehr von Gefahren durchzieht auch heute noch den Inhalt, der mit dem Begriff Schutzwald verbunden ist. Im § 12 des Bundeswaldgesetzes aus dem Jahr 1975 steht unter der Überschrift »Schutzwald« geschrieben: »Wald kann zu Schutzwald erklärt werden, wenn es zur Abwehr oder Verhütung von Gefahren, erheblichen Nachteilen oder erheblichen Belästigungen für die Allgemeinheit notwendig ist, bestimmte forstliche Maßnahmen durchzuführen oder zu unterlassen. Die Erklärung zu Schutzwald kommt insbesondere in Betracht zum Schutze gegen schädliche Umwelteinwirkungen im Sinne des Bundesimmissionsschutzgesetzes vom 15. März 1974 (Bundesgesetzbl. I S. 721), Erosion durch Wasser und Wind, Austrocknung, schädliches Abfließen von Niederschlagswasser und Lawinen«.

In dem von BUSSE im Jahr 1930 herausgegebenen Forstlexikon wird zum Schutzwald angemerkt: »Der Begriff ist nach den zu verschiedenen Zeiten und in verschiedenen Ländern herrschenden Anschauungen über die Wirkungen des Waldes auf das Gemeinwohl in vielartiger Weise definiert und gesetzgeberisch behandelt worden«. In Österreich galt damals neben dem Begriff Schutzwald auch der Begriff Bannwald. Im eben erwähnten Forstlexikon heißt es dazu: »Der Bannwald soll andere Grundstücke schützen, der Schutzwald sich selbst schützen«. Beide Begriffe mit etwa gleichem Inhalt finden wir heute noch im bayerischen Waldgesetz von 1974. Das baden-württembergische Landeswaldgesetz von 1976 kennt neben dem Begriff Schutzwald noch die Begriffe Bannwald und Schonwald. Bannwald ist hier ein sich selbst überlassener Waldbestand, der nicht bewirtschaftet werden darf. Schonwald ist ein Wald, in dem eine bestimmte Pflanzengesellschaft oder ein bestimmter Bestandsaufbau zu erhalten oder zu erneuern ist.

Die Schutzwaldgesetzgebung findet ihren ersten Höhepunkt in Deutschland, Österreich und der Schweiz in den Jahren zwischen 1850 und 1880. Sie ist eine Antwort auf die Schäden, die allenthalben durch übermäßige Entwaldungen nach der französischen Revolution und der damit verbundenen Befreiung des Grundeigentums und der Freigabe des Privatwaldes aus der Bevormundung durch den Polizeistaat entstanden sind. Die ersten Gesetze werden in den Ländern erlassen, in denen menschliche Siedlungen und Ländereien unter Schnee- und Geröllawinen, Hochwasser und Sandverwehungen besonders zu leiden haben – in Österreich und Bayern 1852, in Preußen 1875 und in der Schweiz 1876.

Wird nun der Begriff Schutzwald in Beziehung zum Gewässer im allgemeinen und zum Fließgewässer im besonderen gebracht, dann sind in den eben genannten Schutzwaldgesetzen enge Bezüge zu finden. Die Bedeutung des Schutzwaldes für die Wasserwirtschaft stellen zum Beispiel die Schutzwaldgesetze in Bayern (1852), Frankreich (1882), Italien (1877), Norwegen (1908), Österreich (1852), Preußen (1875), Rußland (1888), Schweiz (1876) und Spanien (1877) heraus (BUSSE 1930). Die Bedeutung des Schutzwaldes gegen die Beschädigung der Flußufer und gegen Eisgang greifen die Gesetze in Bayern, Frankreich, Österreich, Preußen und Rußland auf. Das Preußische »Gesetz betreffend Schutzwaldungen und Waldgenossenschaften« weist 1875 auf die Folgen verfehlter Waldwirtschaft und die daraus entstehenden Gefahren wie Austrocknung, Versandung, Erosion durch Wasser und Wind und die extreme Wasserführung in den Flüssen hin. Es enthält entsprechende Anordnungen zur Beseitigung oder Minderung solcher Schäden.

Bis in unsere Zeit wird in den Wald- und Forstgesetzen der Schutzwald in eine enge Verbindung mit Gefahren und Schäden, die durch Fließgewässer hervorgerufen werden, gebracht. Im Waldgesetz für Bayern vom

22. Oktober 1974 heißt es im Artikel 10: »Schutzwald ist Wald … der
dazu dient, Lawinen, Felsstürzen, Steinschlägen, Erdabrutschungen,
Hochwassern, Überflutungen, Bodenverwehungen oder ähnlichen
Gefahren vorzubeugen oder die Flußufer zu erhalten«. Im Forstgesetz für
das Land Nordrhein-Westfalen vom 29. Juli 1969 steht im § 50: »Die
Erklärung zu Schutzwald kommt insbesondere in Betracht zum Schutz
gegen Immissionen, Bodenabschwemmung, Hangrutschung, Geröllbil-
dung, Bodenverwehung, Versandung, Austrocknung, Vernässung,
Überflutung, Uferabbruch, Wind- und Schneeverwehung«.

2. Zum Begriff Wasserschutzwald

KIRWALD benutzt 1951 den Begriff Wasserschutzwaldstreifen und
versteht darunter einen mehr oder weniger breiten Waldbestand auf den
Uferböschungen. In der gleichen Arbeit spricht KIRWALD auch vom
Mittelwald als Wasserschutzwald und bezieht dabei das Wort Wasserschutzwald auf breite Waldbestände entlang der Fließgewässer (KIR-
WALD 1951). Dreizehn Jahre später heißt es bei KIRWALD: »Die
Wasserschutzwälder haben Aufgaben auch regionaler Art, flächenwas-
serwirtschaftliche Funktionen (Bodenbildung, Bodenaufschluß, Bodenschutz, Klimapflege, als Wasserpflege durch Bestands- und Bodenpflege)
als Grundlage der Landschaftspflege« (KIRWALD 1964). 1971 macht
KIRWALD deutlich, daß von ihm unter Wasserschutzwald Wälder in
den Einzugsgebieten verstanden werden, »die räumliche Aufgaben
(regional), nicht zuletzt auch bei der Beeinflussung des wichtigen Teil-
gebietes des Wasserkreislaufs, nämlich dem Umlauf des »unsichtbaren
Wassers« haben« (briefliche Mitteilung an den Verfasser vom 1. 12.
1971).
Diesem Inhalt kommt auch die Definition des Begriffes Wasserschutzwald im Leitfaden zur Kartierung der Schutz- und Erholungsfunktionen
des Waldes, kurz Waldfunktionenkartierung genannt, nahe. Danach
dient der »Wasserschutzwald … der Reinhaltung des Grundwassers
sowie stehender und fließender Oberflächengewässer. Er verbessert die
Stetigkeit der Wasserspende« (Arbeitsgruppe Landespflege im Arbeits-
kreis Zustandserfassung und Planung der Arbeitsgemeinschaft Forsteinrichtung 1974).

3. Zu den Begriffen Gewässerwald und Gewässerschutzwald

Einem Wandel unterliegen auch die Begriffe Gewässerwald und Gewässerschutzwald. Noch 1955 sind Gewässerwälder »im umfassenden Sinn
Schutz- und Pflegewälder zugleich, ihre Einwirkungen bestehen darin,
daß sie den Wirtschaftswald vor Schäden und Mängeln entlang der
Gewässer bewahren, einen notwendigen Übergang zwischen dem bereits
gesammelten Wasser und dem Wald bilden, Klimaschutz gewähren,

soweit dieser im besonderen notwendig ist und die Daseinsbedingungen des Wirtschaftswaldes im allgemeinen verbessern« (KIRWALD 1955). Einige Jahre später erhalten beide Begriffe eine schärfere Fassung. Gewässerschutzwälder oder Gewässerwälder haben danach »vorwiegend als Schutzsäume entlang des bereits zu stehenden oder fließenden Gewässern gesammelten Wassers ihre besonderen Aufgaben« (KIRWALD 1964). KIRWALD spricht hier auch vom linearen Wasserschutzwald. An anderen Stellen wird dieser Inhalt nochmals hervorgehoben. Solche Wälder werden als linien- oder saumförmige Wälder entlang der Gewässer, überwiegend dem Schutz gegen Wasserangriffe dienend, bezeichnet (KIRWALD 1969 und 1976, briefliche Mitteilung von Professor Kirwald an den Verfasser vom 1. 12. 1971). In ähnlicher Weise benutzen den Begriff Gewässerschutzwald auch andere Autoren (u. a. BEGEMANN 1976, PFLUG 1979, PFLUG, RUWENSTROTH, STÄHR, LIMPERT, REGENSTEIN und SCHOTT 1980).

4. Zum Begriff Uferschutzwald

Erst nach der Wahl des Wortes Uferschutzwald als Thema für die Tagung der Gesellschaft für Ingenieurbiologie stellte der Verfasser fest, daß dieser Begriff in der Literatur kaum benutzt worden ist. Der Verfasser verwendete ihn vor mehr als zwanzig Jahren in Bildunterschriften und kennzeichnete mit ihm Bestandteile des »aufgelösten Waldes« entlang von Fließgewässern (PFLUG 1953 und 1959). KLAUSING (1973) spricht von Uferschutzgehölz und versteht darunter einen möglichst durchgehenden Bewuchs von »verkrautungshemmenden, nämlich beschattungswirksamen« Baum- und Strauchbeständen. NIEMANN (1971) benutzt das Wort Uferschutzvegetation für Gehölzbestände mit nachhaltiger Uferstabilisierung durch elastischen Widerstand, Wurzel- und Ausschlagbildung nach leichten Uferverletzungen und Regenerationsvermögen.

Um mit dem Begriff Uferschutzwald auf der Tagung etwas anfangen zu können, sei er folgendermaßen definiert: Unter Uferschutzwald wird ein mehr oder weniger breiter, geschlossener und ungleichaltriger Waldgürtel im Uferbereich von Bächen und Flüssen verstanden, der in seiner Artenzusammensetzung den jeweiligen natürlichen Waldgesellschaften nahekommt oder entspricht, unmittelbar oberhalb der Mittelwasserlinie beginnt und mit seinem Wurzelfachwerk den Uferboden, je nach den Eigenschaften des Einzugsgebietes auch in Verbindung mit Steinen, nachhaltig sichert.

Es ist vielleicht der Erwähnung wert, daß Begriffe wie Wasserschutzwald, Gewässerschutzwald und Uferschutzwald (oder Uferschutzgehölz und Uferschutzvegetation) in den Wasser-, Wald- und Naturschutzgesetzen des Bundes und der Länder nicht enthalten sind. Sie kommen auch nicht in den Richtlinien für naturnahen Ausbau und Unterhaltung von Fließgewässern des Landes Nordrhein-Westfalen vor (Landesamt für Wasser und Abfall Nordrhein-Westfalen 1980). In den Leitfaden zur Kartierung der Schutz- und Erholungsfunktionen des Waldes (Arbeitsgemeinschaft Forsteinrichtung 1974) sind Schutzfunktionen, wie sie sich in den Begriffen Gewässerschutzwald oder Uferschutzwald ausdrücken, nicht aufgenommen worden.

Die Frage, ob es sinnvoll ist, Begriffe wie Gewässerschutzwald oder Uferschutzwald als Bezeichnung für einen mehr oder weniger breiten geschlossenen Baum- und Strauchbewuchs im Uferbereich von Bächen und Flüssen zu verwenden, soll hier offenbleiben.

5. Literatur

Arbeitsgemeinschaft Forsteinrichtung (1974): Leitfaden zur Kartierung der Schutz- und Erholungsfunktionen des Waldes (Waldfunktionenkartierung). I. D. Sauerländer's Verlag. Frankfurt am Main.

BEGEMANN, W. (1976): Waldbau im Gewässer-Schutzwald. Allgemeine Forstzeitschrift. 12.

BUSSE, J. (Hrsg. 1930): Forstlexikon. 2 Bände. Verlagsbuchhandlung P. Parey. Berlin.

KLAUSING, O. (1973): Vegetationsbau an Gewässern. Hessische Landesanstalt für Umwelt. Wiesbaden.

KIRWALD, E. (1951): Lebendbau und Gewässerpflege. Landbuch-Verlag. Hannover.

KIRWALD, E. (1955): Waldwirtschaft an Gewässern. Wirtschafts- und Forstverlag Euting KG. Neuwied.

KIRWALD, E. (1964): Gewässerpflege. Bayer. Landwirtschaftsverlag. München, Basel, Wien.

KIRWALD, E. (1969): Wasserhaushalt und Einzugsgebiet. Gewässerkundliche Untersuchungen im Einzugsgebiet der Ruhr 1951 bis 1965. 2 Bände. Vulkan-Verlag. Essen.

KIRWALD, E. (1976): Gewässerkundliche Untersuchungen und landschaftliche Grundausstattung von Einzugsgebieten. Vulkan-Verlag. Essen.

Landesamt für Wasser- und Abfall Nordrhein-Westfalen (1980): – Fließgewässer – Richtlinie für den naturnahen Ausbau und Unterhaltung. Düsseldorf.

NIEMANN, E. (1971): Zieltypen und Behandlungsformen der Ufervegetation von Fließgewässern im Mittelgebirgs- und Hügellandraum der DDR. Wasserwirtschaft-Wassertechnik. 21. Jg. 9 und 11.

PFLUG, W. (1953): Der aufgelöste Wald. Forst und Holz. 8. Jg. 23 und 24.

PFLUG, W. (1956): Pflanzungen an Wasserläufen. In: Pflanzen für die Landschaft. Baumschulkatalog Fa. R. Schrader. Ingolstadt.

PFLUG, W. (1959): Landschaftspflege, Schutzpflanzungen, Flurholzanbau. Wirtschafts- und Forstverlag Euting KG. Neuwied.

PFLUG, W. (1979): Ursachen für die unzureichende Berücksichtigung landschaftsökologischer und ingenieurbiologischer Aufgaben bei der Regulierung von Fließgewässern. Schriftenreihe des Deutschen Rates für Landespflege. 33.

PFLUG, W., G. RUWENSTROTH, E. STÄHR, K. LIMPERT, G. REGENSTEIN und K. SCHOTT unter Mitarbeit von H. J. BAUER, K. DETTNER und R. RABE (1980): Wasserbauliche Modellplanung Ems bei Rietberg auf landschaftsökologischer Grundlage. Landesamt für Agrarordnung Nordrhein-Westfalen. Münster.

WEBER, H. (1927): Forstpolitik. Handbuch der Forstwissenschaften. 4. Auflage. Verlag der Laupp'schen Buchhandlung. Tübingen.

Professor Wolfram Pflug
Lehrstuhl für Landschaftsökologie
und Landschaftsgestaltung der
Technischen Hochschule Aachen
Schinkelstraße 1
5100 Aachen

Franz Meszmer

Baum und Strauch als Bau- und ökologisches Element an Fließgewässern

Trees and shrubs as elements of construction and ecology alongside running waters

In dreifacher Hinsicht sind Gehölze am Fließgewässer für den Menschen von Bedeutung:

1. Als technischen Elementen kommt ihnen die Funktion der Ufersicherung zu. Ihre Fähigkeit, sich am Ufer fest zu verankern, kann gezielt ausgenutzt werden.
2. Gehölze schaffen und beeinflussen Habitate im und am Gewässer, die vielfältiges pflanzliches und tierisches Leben ermöglichen. Werden sie beseitigt oder wird ihr Aufwuchs verhindert, so verarmen die ökologischen Beziehungen, an deren Stärkung uns gelegen sein sollte.
3. Sodann ist der Uferwald am Gewässer ein landschaftsbegründendes Element, das zum allgemeinen Wohlbefinden des Menschen einen vielleicht nicht unwesentlichen humanökologischen Beitrag leistet.

Wenn ich hier das Wort »landschaftsbegründend« gebrauche, so bedarf dieses einer Erläuterung. Unter Landschaft verstehe ich dabei nicht die Landschaft der Geographen, die immer Landschaft bleibt, auch wenn sie wesentlich umgestaltet wird, so daß man zum Beispiel von Stadtlandschaften und Industrielandschaften sprechen kann. Ich meine auch nicht die Landschaft der Ästheten, die Gegenstand der künstlerischen Darstellung sein kann, deren Erfassen kulturelle Voraussetzungen hat. Vielmehr möchte ich Landschaft in anthropologischem Sinne verstanden wissen (MESZMER 1971).

Als Landschaft in diesem Sinne bezeichne ich eine Gegend von solchem grundsätzlichen Charakter, wie ihn jenes Land aufwies, in dem der Mensch zu seinem Menschsein erwacht ist. Nach heutiger Auffassung geschah dies in der Savanne, einem Gebiet, das Grasland war und Bestandteile des Waldes aufwies. Es hat den Anschein, als sei der Mensch auf solche Gebiete geprägt; denn es entspricht der Erfahrung, daß er sich in Gegenden heimisch fühlt, die ihm sowohl freien Blick als auch Deckungsmöglichkeit bieten, in Gegenden, die so strukturiert sind wie jenes Habitat, in dem es dem Menschen einst möglich war, den Kampf um das Überleben siegreich zu bestehen.

Zusammenfassung:

Das Mißtrauen, das Bäumen und Sträuchern an Fließgewässern seitens der Ingenieure entgegengebracht wurde, die das Ideal in gehölzfreien Abflußrinnen sahen, wurde als Folge des wachsenden Umweltbewußtseins in jüngster Zeit zugunsten einer freundlicheren Betrachtungsweise dieser Gewässerelemente aufgegeben. Es wird das Verhältnis der früheren Ingenieure zu den Fragen der vegetativen Sicherung der Ufer erläutert und gezeigt, wie sich etwa seit den 30er Jahren unseres Jahrhunderts eine Wandlung in der Einstellung gegenüber Baum und Strauch anbahnte. Sodann werden Vor- und Nachteile von Ufergehölzen behandelt und einige technische Hinweise gegeben. Besonderheiten werden angeführt, die mit der Pflanze als lebendem Wesen zusammenhängen, das sich einem strengen Schematismus entzieht.

Summary:

The suspicion which engineers who have preferred to see vegetation-free runoff channels have felt with regard to the use of trees and shrubs alongside running waters is lessening, as a direct result of a growing awareness of the need for environmental protection, in favour of greater approval. The attitude of these engineers to the question of the use of vegetation for the stabilisation of banks and shorelines is described and explained, showing how it has been changing over the years since the 1930's. The advantages and disadvantages of bank thickets are described, and some technical guidance is given. Special features associated with the use of plants as living entities but which defy strict classification are cited.

Das Wohlfühlen des Menschen in einer wechselräumigen Gegend ist
weitgehend unabhängig vom Grade der Bildung und von der rassischen
Herkunft des Individuums. Es ist so elementar, daß der Gedanke an
eine genetische Prägung nicht von der Hand zu weisen ist. Ich erwähne
dies, weil der anthropologische oder humanökologische Gesichtspunkt
bei der Beurteilung von Landschaft und Landschaftselementen im ein-
schlägigen Schrifttum nicht in Betracht gezogen wird (PIEPMEIER
1980). Man hat ihn in seiner Eigenständigkeit offenbar nicht erkannt.
Das Gewicht, das heute landschaftsökologischen Fragen zugebilligt
wird, hat seine Ursache im Gewahrwerden von Gefahren, die aus der
sorglosen Nutzung der Naturgüter erwachsen. Dieses Thema ist in viel-
fältiger Literatur abgehandelt, deren Autoren teils zu pessimistischen
Folgerungen für das Leben auf unserer Erde kommen, teils die Hoff-
nung hegen oder davon träumen, der Mensch werde durch Vernunfts-
gründe oder durch eine entsprechende Erziehung dazu veranlaßt, seine
maßlos wachsenden Wünsche zu beschränken und sein Verhalten so zu
ändern, daß das drohende Unheil abgewendet werden kann.
Aber es erheben sich auch Gegenstimmen, die das Besorgtsein um
unsere Umwelt für übertrieben halten. Zu viele, die die Zukunft
schwarz malten, haben, dem Anschein nach, nicht recht behalten.
Landschaft um Landschaft wurde der Stadt geopfert und wird weiter
geopfert, ohne daß dies für unser Wohlergehen im allgemeinen uner-
trägliche Folgen hat oder zu haben scheint. Gingen von den Städten
früher alle höheren Kulturen aus, so wird auch heute noch die Stadt als
Kulturmittelpunkt begünstigt. Und doch sollte uns zu denken geben,
daß schon in der akkadischen Literatur Mesopotamiens vor 4000 Jahren die Stadt mit dem Tode, die Landschaft aber mit dem Leben in
Verbindung gebracht wurde.
Um des Lebens willen ist Landschaft zu bewahren. Es genügt nicht, die
großen Perspektiven nur zu sehen: wichtiger ist, das als notwendig Er-
kannte in die Tat umzusetzen. Jedem Berufszweig ist aufgegeben, auf
seinem Gebiet einen Beitrag zur Lösung der das Leben auf der Erde
betreffenden Fragen zu leisten.
Was die Gewässer und den Wasserbau betrifft, so kann niemand übersehen, daß sich in den vergangenen Jahren – wie auch auf anderen
Fachgebieten – alteingefahrene, auf Vergewaltigung der Natur gerich-
tete Ansichten geändert haben. Wir suchen heute landschaftlich-ökolo-
gische und hydraulische Forderungen miteinander in Einklang zu bringen. Trotzdem ist dann am fertigen Werke oft nur der gute Wille zu
loben. Die Praxis weist manche Mängel auf. Nicht allen Ingenieuren
liegt das Denken in ökologischen Kategorien, das für sie ein Umdenken
bedeutet. Ein Berücksichtigen der Lebensbeziehungen geht über ihre
Fassungskraft. Oft ist auch noch ein Prestige-Denken vorhanden, das

sich den Anforderungen verschließt, die sich aus ökologischen Gesichtspunkten ergeben. Weiter erwachsen unangepaßte technische Lösungen aus den Tatsachen, daß es der leitende Ingenieur – im Gegensatz beispielsweise zum Architekten – verlernt hat, den Entwurf mit eigener Hand zu gestalten, und daß die mit einem landschaftsbezogenen Entwurf immer verbundenen ästhetischen Erfordernisse mangels Schulung nicht angemessen behandelt werden. Niemand sollte sich auch über zählebige Vorurteile wundern, die besonders den dort stehenden Baum am Gewässerufer betreffen: in Saumwäldern sieht der Ingenieur eine Gefahr, für die er ein Risiko nicht auf sich zu nehmen wagt. Diese mangelnde Risikobereitschaft ist auch wieder zu verstehen, weil das Mensch-Baum-Verhältnis, das Verhältnis zweier Lebewesen zueinander, gestört ist.

Ökologische Forderungen im Bereich des landschaftsbezogenen Bauens der Ingenieure werden seit Ende des vergangenen Jahrhunderts erhoben. Sie haben lange keine allgemeine Anerkennung erfahren. Erst in den dreißiger Jahren begann man, Vorlesungen an Technischen Hochschulen anzubieten, die ökologische und ästhetische Themen zum Gegenstand hatten. In Karlsruhe las SCHURHAMMER über »Landschaftsgestaltung im Ingenieurbau«. Der Widerhall bei den Studierenden war damals, im Jahre 1937, gering; denn ich war der einzige zuhörende Student.

Baum und Strauch interessierten in erster Linie die Straßenbauer, die mit dem Autobahnbau eine neuartige und bedeutende Aufgabe gestellt erhielten. Doch warteten auch auf den Wasserbau besondere Aufgaben. Es galt die sogenannte Erzeugungsschlacht zu schlagen.

Hierzu war es nötig, unkultivierte Gebiete in Kulturland zu überführen. Meist handelte es sich dabei um Entwässerungsmaßnahmen. Kanäle und Gräben wurden ohne Rücksicht auf die vorhandenen Lebensbezüge geplant und ausgeführt. Viele der sich damals durch Talauen schlängelnden Bäche mit ihren Baum- und Strauchsäumen mußten einem öden Abflußgerinne Platz machen. Moore, Sümpfe und Sumpfwiesen mit seltenen Pflanzen und Tieren verschwanden, obwohl sich auch schon Stimmen gegen die Verarmung der Landschaft erhoben hatten (RUDY 1941).

Bei den neu gebauten Gewässern galt es, schädliche Hochwasser schnell abzuführen. Die Gerinne sollten flächesparend und möglichst glatt sein. Bäume hätten die Rauhigkeit zu sehr erhöht, hatten Anlaß zur Verwilderung gegeben und die Unterhaltung erschwert: Argumente, die auch noch heute gegen Gehölzsäume an Gewässern vorgebracht werden. Die Baumfeindlichkeit bezog sich in erster Linie auf mittlere und kleinere Gewässer in Siedlungen und landwirtschaftlich genutzten Fluren, nicht aber auf größere und schiffbare Flüsse.

An den Ufern der schiffbaren Flüsse hatten in den Zeiten der Treidel-
schiffahrt selbstverständlich keine Gehölze stehen dürfen. Sie wären
dem Schiffsbetrieb hinderlich gewesen. Als Dampf- und Motorschiffe
aufgekommen waren, konnten sich die Ufer bestocken. Die Auen der
Flußtäler waren meist ausreichend breit, so daß die durch das Ufergehölz erzeugte zusätzliche Rauhigkeit des Gerinnes nicht ins Gewicht
fiel. Am Main zum Beispiel förderte man in den 30er Jahren in vorbild-
licher Weise den Uferbewuchs. Hier glaubten Wasserbauer, mit den
landschaftlichen Erfolgen im Straßenbau gleichziehen zu müssen
(WALLNER und MÜLLER 1940).
Seit alters kam den Gehölzen eine Funktion bei der Sicherung von
Flußufern zu. Im vergangenen und in weiter zurückliegenden Jahr-
hunderten, als die Transportmöglichkeiten weit von jenem Umfang entfernt waren, den sie heute aufweisen, war es selbstverständlich, sich zur
Sicherung der Ufer jener Materialien zu bedienen, die an Ort und Stelle
anstanden. Gehölze waren reichlich verfügbar. Man benötigte ihre Äste
und Zweige zur Herstellung von Faschinen und nutzte ihre Fähigkeit
aus, mit dem Wurzelwerk das Ufer zu festigen.
In Deutschland hatte sich im 18. Jahrhundert der Faschinenbau entwik-
kelt (KREUTER 1900). Der Fachausdruck »Faschinenbau« ist ein
Oberbegriff, unter dem zu verstehen sind: Herstellen und Einbau von
sogenannten Würsten, Bandfaschinen oder Wippen, von Flechtwerken
oder Flechtzäunen, von Senkfaschinen, Sinkwalzen und Sinkwellen,
von Decklagen und Weidensteckhölzern, von Rauhwehren, Flecht-
werksträngen, Schuppen und Packfaschinen mit schützender Bepflanzung, sowie matten- oder polsterartige Packwerk-Sinklagen. Zu diesen
Bauweisen – teils mit lebenden, teils mit toten Reisern – schrieb der
Wasserbauingenieur Schemerl im Jahre 1782 in seinem Buche »Art
Flüsse zu bauen«: »Deutschland, welchem die Welt so viele nützliche
Erfindungen verdankt, ist das eigentliche Vaterland des Faschinenbaus,
dieser für die Aufnahme des Strombaus so nützlichen und vorzüglichen
Bauart. Der Rhein ist die Pflanzschule desselben, aus welcher sich
dieser nützliche Bau nach den Flüssen und Ländern anderer Staaten
verbreitet hat.« Außer am Rhein wurde der Faschinenbau in Deutsch-
land besonders an den Flüssen Weichsel, Oder, Havel und Spree ange-
wandt, weniger an Elbe und Weser.
Hinsichtlich der Verwendung lebender Pflanzen beklagt schon
Schemerl: »Nur zu wenig bedient man sich dieser einfachen, dieser der
Natur der Ströme angemessenen Art, selbe zu verbessern.«
Dieser Ausspruch könnte auch heute gesagt sein. Doch er ist schon
200 Jahre alt!
Auch früher war man sich klar darüber, daß in vielen Fällen durch
lebendes Material allein keine ausreichende Gerinnesicherung erreich-

bar ist. Pflanzen schützten nicht gegen Grundbruch. Als wesentliche Aufgabe der Gehölze sah man an, abgeböschte Ufer gegen Wellenschlag und Eisschub zu sichern. Der geldliche Ertrag, der sich aus Weidenpflanzungen erzielen ließ, spielte bei der seinerzeitigen Verwendung vegetativer Bauelemente eine nicht unerhebliche Rolle.

Zu wasserbaulichen Zwecken dienten Weiden- und Pappelarten. Weiden benutzte man für Pflanzungen im und in der Nähe des Wassers, Pappeln der Arten beziehungsweise der Varietäten Schwarzpappel, Pyramidenpappel, Kanadische Pappelhybride zur Bepflanzung hochlagernder Uferstellen.

Bei den Weiden schätzten die Ingenieure, wie auch heute, die Fähigkeit, daß abgehauenes Holz weiter wächst, wenn es zu geeigneter Zeit in geeigneten Boden eingebracht wird. Sie treiben bis ins Alter von 60 bis 70 Jahren kräftig Holz, wachsen schnell und können länger überflutet werden, ohne Schaden zu nehmen. Silberweiden können bis 100 Jahre alt werden.

Auch die Schwarzpappel, ursprünglich wohl nur in Brandenburg und östlich davon beheimatet, und ihre Varietät, die Pyramidenpappel, die wahrscheinlich aus dem mittleren Asien stammt, wurden durch Steckhölzer vermehrt. Diese Vermehrungsart hat heute wasserbaulich keine Bedeutung mehr.

Die kleineren Flüsse und Bäche, deren naturnaher, landschaftsgerechter Zustand uns am Herzen liegt, waren im 19. Jahrhundert nicht Gegenstand ingenieurlicher Überlegungen. Sie gaben auch vielfach keine Probleme auf. Die an ihren Ufern stehenden Saumwälder wurden plenterartig genutzt. Ihr allgemeines Aussehen änderte sich über die Jahrhunderte nicht. Noch heute finden wir Gewässerbänder, die den gleichen Eindruck erwecken, wie wir ihn von Landschafts-Darstellungen des späten Mittelalters und der frühen Neuzeit her kennen.

Für landwirtschaftlich genutzte Gebiete, die hochwassergefährdet waren, verlangte man Freisein von sommerlichen Überschwemmungen. Dieses Ziel wurde durch Abschneiden der Schlingen oder durch Kanalisieren erreicht. Hinweise auf die Zweckmäßigkeit, Ufergehölz zu erhalten, oder auf Lebens-Zusammenhänge fehlen. Empfohlen wurde, die Bewaldung namentlich im oberen Teil der Flußgebiete zu fördern, um die Größe der Sommerhochwasser herunterzudrücken.

Wo kanalisierte Gewässer und Hochwasserkanäle nicht in staatliche Unterhaltung kamen, wo die Gemeinden – vielleicht zur Einsparung von Kosten – eine nachhaltige Gewässerpflege unterließen, sorgte die Natur dafür, daß sich Bäume und Sträucher an der Uferlinie ansiedelten und einen sekundären Wald bildeten. Dieser wies weniger Gehölzarten auf und hatte eine ärmere Krautschicht als der ursprüngliche Gewässerwald.

Angrenzer verhinderten mitunter das Aufkommen der Gehölze wegen ihres Schattenwurfs, mitunter waren sie zur Holzgewinnung und Laubnutzung willkommen.

Bilden sich Gewässerwälder an Stellen, für die sie nicht vorgesehen sind, so kann das zu hydraulischen Schwierigkeiten führen. Sträucher, insbesondere Weiden, verdämmen den Abflußquerschnitt; Bäume werden unter- oder hinterspült und fallen einem Hochwasser zum Opfer. Sie können Ursache für weitere Schäden werden.

Das früher und heute noch anzutreffende Mißtrauen gegen Gehölzstreifen am Ufer hat zweifellos einen Grund. Neuerdings beginnt man, ökologische Vorteile gegen technische Nachteile und Risiken abzuwägen. Dazu bemerke ich, daß ein Baum an der Sommermittelwasserlinie nicht von selbst schon ein technischer Nachteil oder ein Risiko ist. Wer beobachtet hat, wie Erlen, Eschen und andere Uferbäume an Gebirgsbächen den Hochwasserabflüssen standhalten, wenn der Wuchsort nicht eingeengt und ein entsprechendes Substrat vorhanden ist, sollte als Ingenieur geneigt sein, die Fähigkeit richtig stehender Bäume auszunutzen, um das Ufer zu schützen.

Mit dem planmäßigen Einsatz von Gehölzen an der Sommer-Mittelwasserlinie oder etwas darüber steht und fällt meines Erachtens die Frage des naturgemäßen, ökologischen Anforderungen genügenden Baus von Fließgewässern. Selbstverständlich darf beim Bau auch nicht die Gerinne-Modelung vernachlässigt werden, um weitere ökologische Bedingungen zu erfüllen. Die Gerinne-Modelung macht ein eigenes Kapitel Landschaftlichen Wasserbaus aus, das hier nicht zu behandeln ist.

Die wichtigsten Baumgehölze im naturnahen Flußbau sind neben den Baumweiden die Arten Schwarzerle und Esche. Im alten Flußbau wurden sie als wenig geeignet angesehen.

Den vorteilhaftesten Uferschutz verspricht man sich heute von der Schwarzerle (SCHLÜTER 1976). Sie hat die Eigenschaft, mit ihren Wurzeln ins Wasser zu gehen. Gegen Unterspülen ist oder scheint sie daher gefeit. Empfohlen wird ein Einbau 0,20 bis 0,40 m über Sommer-Mittelwasser. Hinterspülungen der Erle werden nicht ausgeschlossen. Ich habe sowohl hinterspülte als auch unterspülte Erlen gesehen, die Zweifel an einem idealen Befestigungsgehölz berechtigt erscheinen lassen. Bei holozänem, nicht sehr dicht gelagertem Untergrund, wie er in unseren Talauen vielfach anzutreffen ist – er ist teilweise erst im geschichtlichen Mittelalter entstanden –, bildet die Erle ein glockenförmiges Wurzelwerk aus. Dieses gibt keine sehr gute Basis für die Standfestigkeit ab.

Anders ausgebildet ist das Wurzelwerk bei steinig-bindigem und felsigem Substrat. Die Wurzeln breiten sich seitlich weit aus. An Steilufern

ist Wurzelgeflecht zu beobachten, das dem Geflecht der noch zu be-
sprechenden Klammereschen ähnlich ist. Es macht den Baum gegen
Hochwasser widerstandsfähig.

Die Natur hält sich nicht an die Regel, Erlen nur in ihrem optimalen
Standortbereich wachsen zu lassen. In unserer Klimazone mit entsprechender Niederschlagshöhe und Niederschlagsverteilung findet man sie
bis 2 m und höher über Sommer-Mittelwasser. Ich habe vor 25 Jahren
Erlen in dieser relativen Höhe gepflanzt. Die Bäume lassen keine Zeichen verminderter Vitalität erkennen. Ihr Wachstum ist jedoch lang-
samer als bei Exemplaren, die unmittelbar am Wasser stehen.

In der Fachliteratur habe ich vor Jahren bekannt gemacht (MESZMER
1961), daß es möglich ist, Seitenwurzeln der Schwarzerle bis 1,40 m in
der Tiefe abzutrennen, ohne daß die Bäume an Lebenskraft und Standfestigkeit Einbuße erleiden. Ein solches Abtrennen geschah anläßlich
des Elzausbaus Mosbach im Jahre 1957. Diese Erlen sind heute noch
gesund. Bei verhältnismäßig dichtem und felsigem Substrat senden
Erlen Wurzeln in das Wasser, aus dem sie Nährstoffe aufnehmen. Sie
wirken der Eutrophierung des Gewässers entgegen. So können dichte
Erlenreihen, auch wenn sie wegen ihrer Schattenwirkung sauerstoff-
erzeugende Unterwasserflora verhindern, zur Gewässer-Reinigung
beitragen.

Von keiner anderen Baumart bekam ich fester gefügte Bollwerke gegen
Uferabbrüche vorgeführt als von der Esche. Gegen sie scheint zu sprechen, daß sie es vermeidet, mit ihren Wurzeln unter die Sommer-
Mittelwasserlinie zu gehen. Sie ist darum unterspülungsanfällig. Doch
das ist nicht gleichbedeutend mit unterspülungsgefährdet! Erlen und
Weiden habe ich im Laufe meiner Praxis im Wasser liegen sehen, aber
noch keine Esche. Das besagt nicht, daß nicht solche Hochwasser möglich und wahrscheinlich sind, die eine Esche entwurzeln. Doch scheint
sie mir der stabilste Uferbaum zu sein.

Die unmittelbar am Gewässer stehenden Eschen haben weitreichende
Wurzelstränge, die parallel zur Böschung verlaufen. Unter ihnen ist das
Erdreich oft ausgewaschen. Von den Hauptwurzeln gehen Seitenwurzeln mehr oder weniger waagrecht nach hinten ab und bilden eine
sturm- und hochwasserfeste Verankerung. Zugleich verklammern sie
das Ufer. Für Eschen mit dieser an Gewässerufern typischen Wurzel-
form habe ich den Ausdruck »Klammereschen« geprägt.

Bäume geben uns oft Rätsel auf. So beobachtete ich zwei nebenein-
ander stehende Eschen, von denen sich die eine nach der Regel ver-
hielt, ihre Wuzeln genau am Sommer-Mittelwasserhorizont enden zu
lassen. Die andere tauchte in das Wasser mit ihrem Wurzelwerk ein.
Im Trienztal, im badischen Odenwald, steht am Bachufer eine Esche,
die Klammeresche ist. Zusätzlich sendet sie eine Pfahlwurzel durch das

Bachwasser in den Untergrund. Diese läßt sich erklären, wenn man das Substrat als grundwasserfrei annimmt. Es muß dann so dicht gelagert sein, daß das höher fließende Bachwasser nicht einsickert. Diese Annahme ist hier begründet: in dem geologisch gleichgestalteten, nahegelegenen Paralleltal der Odenwalder Elz blieb eine Probegrube, die bis 1 m unter Bachspiegel bei einer Entfernung von etwa 1 m vom Bachrand ausgehoben wurde, bei tagelanger Beobachtung trocken. Woher wußte die Esche, daß sie das statische Problem ihrer Standfestigkeit unter Ausnutzen des grundwasserfreien Bachuntergrundes einfacher lösen könne? Hier möchte ich eine genetisch bedingte Sensibilität annehmen.

Die Unterspülungsräume unter dem Wurzelwerk der Eschen haben für Fische als Ruhe- und Zufluchtzone Bedeutung.

Gewässerufergehölze schlechthin sind die Weiden. Als Sicherungsbestandteile innerhalb eines Saumwaldes sind Baumweiden geeignet. Sie entsenden Wurzelbärte ins Wasser, die sich schützend auf die Sohle legen und eutrophierende Stoffe aus dem Wasser ziehen.

Mir ist an kleineren Gewässern noch keine unter- oder hinterspülte gefallene Weide zu Gesicht gekommen, wohl aber altersbrüchige, die sich über oder auf das Wasser legten.

Jung aus dem Wasser wachsende Weiden neigen dazu, im Wasserbereich einen Wurzelpelz zu bilden. Über ihn nimmt der Baum Nährstoffe auf. Er unterläßt es dann, eine starke Pfahlwurzel zu entwickeln, die ihm ausreichende Standfestigkeit verleiht. Eines Tages wird der Baum umstürzen, ohne daß es dazu eines Sturmes oder Hochwassers bedarf. Wenn die Natur Baumweiden auch in wasserfernerer Höhenlage ansiedelt, wodurch sich keine Probleme ergeben oder zu ergeben scheinen, so ist mir doch von gepflanzten Baumweiden an Böschungen ohne Grundwasserkontakt bekannt, daß sie sich umgelegt haben. Einen Grund dafür weiß ich nicht.

Sodann gibt es Uferweiden, deren Verhalten von dem ihrer Artgenossen abweicht. Sie wachsen in flacher Schräge über das Gewässer und erwecken den Eindruck, kein Hochwasser überstehen zu können. Ihr Wuchs geht offenbar in Richtung des Lichtmaximums, wobei die Spiegelung des Himmels im Wasser ursächlich zu sein scheint. Solche Weiden haben sich gut verankert und trotzen den Hochwassern. Erst im Alter droht von ihnen Gefahr.

Als weitere festigende Uferbäume kommen, um die wichtigsten zu nennen, in Betracht: Stieleiche, Bergahorn und Flatterulme. Sie bilden an der Böschung ein Wurzelsystem aus, das dem der Klammeresche ähnlich ist. Von den genannten Arten geht nur die Flatterulme ins Wasser. Sie zeigt an den wärmeren Odenwaldbächen einen Habitus, der von dem der Rheintalbäume abweicht. So hat sie keine Brettansätze im unteren Stammbereich.

Anstelle des oft anzutreffenden Mißtrauens gegen den Baum am Gewässerufer sollte das Vertrauen treten darauf, daß der Baum selbst kein Interesse hat, sich entwurzeln zu lassen. Bei jedem Lebewesen ruft eine *actio* eine *reactio* hervor. Darum dürfen wir annehmen, daß jedes Hochwasser-Ereignis, das auf einen Baum einwirkt, diesen veranlaßt, seine Bodenverankerung zu verstärken.

Weiß man, unter welchen Bedingungen Bäume am Ufer halten und unter welchen sie eine Gefahr darstellen, so ist es unschwer, die rechte Artenwahl zu treffen und ihnen in einem geplanten Gerinne jenen Platz zuzuweisen, der kein oder das geringste Risiko mit sich bringt.

Als allgemeine Regel stelle ich auf: ein Querprofil, in dem Ufergehölze vorgesehen werden sollen, ist so zu gestalten, daß landseits hinter den Bäumen eine leicht geneigte, von einengendem Bewuchs freigehaltene Berme mit einer Breite von wenigstens 1 m besteht.

Ein »Auf-den-Stock-Setzen« der Bäume in einem Saumwald empfehle ich nicht. Die sich dann bildenden Sekundarstämme erhöhen die Rauhigkeit des Gerinnes wesentlich. Außerdem fangen Stammbündel Geschwemmsel ab, die Aufstau bewirken. Der runde Ein-Stamm setzt dem Wasser den geringsten Widerstand entgegen und sorgt dafür, daß die Breite des Bachbettes bei Einbau des Saumwald-Elements in erträglichen Grenzen gehalten werden kann.

Den Vorteil von *Saum*wäldern gegenüber *Voll*wäldern innerhalb eines Abflußprofils sehe ich in folgendem:

Beim Saumwald fällt Licht von zwei Seiten ein. Die größere Lichtfülle stärkt die Lebenskraft der Bäume. Das Wurzelwerk, das der landseitigen Konkurrenz enträt, entwickelt sich kräftiger. Dadurch erhöht sich die Standfestigkeit.

Lebensmöglichkeit von Tier und Pflanze ist bei Saumwäldern breiter gefächert. Auch die Besonnung des Gewässers mit ihren ökologischen Vorteilen ist günstiger als beim Vollwaldprofil.

In der kurzen verfügbaren Zeit können nicht alle mit Uferwäldern zusammenhängenden Fragen behandelt werden. Verweisen möchte ich noch auf die im Jahre 1959 natürlich entstandenen Spülsäume an der Elz-Ausbaustrecke oberhalb von Mosbach. Bei ihnen trug ich Sorge, daß menschliche Eingriffe unterblieben. So war es möglich zu beobachten, was die Natur aus einem zunächst äußerst dichten Sämlingsbewuchs entstehen läßt. Ohne jegliche Pflegemaßnahme haben sich Bestände gebildet, die abflußtechnisch keine Probleme mit sich bringen. Der Rauhigkeitszuwachs des Gewässerbettes hält sich in den vorgesehenen Grenzen.

Für die Saumwaldstrecke der Elz habe ich vorläufige Angaben hinsichtlich des Abflußvermögens in Abhängigkeit von Exaxität der Baum-

reihung, von Verkrautung und Belaubung gemacht, die veröffentlicht
wurden (MESZMER 1977). In Ermangelung Aussage-relevanter
Hochwasser seit dem Jahre 1970 war es mir nicht möglich, den angegebenen Parameterkurven eine umfassendere Grundlage zu geben bzw.
sie zu korrigieren. Um der Vielfalt der Lebensbereiche willen, sollte auf
Sträucher in Gewässerwäldern nicht verzichtet werden. In erster Linie
kommen solche Arten in Betracht, bei denen nur geringe Verdäm-
mungsgefahr besteht, und die sich nicht durch Wurzelsprosse ein Feld
erobern, das dem Hochwasserabfluß vorbehalten ist. Diesen Bedingungen entsprechen bei den klimatischen und Untergrundverhältnissen
unseres Gebietes Traubenkirsche, Wasserschneeball, Pfaffenkäppchen,
Weißdorn und Faulbaum. Baut man sie zwischen Uferbäume ein, so
wird das Gerinne rauher. Die Geschwemmselbeseitigung nach Hochwasser erfordert einen höheren Aufwand als bei einem Saum-Hochwald.
Bei neuzugründenden Gehölzflächen ist darauf zu sehen, daß nicht die
vorhandene Uferflora durch Einbringen talfremder Arten verfälscht
wird (MESZMER 1973). Setzt die Natur – meist in siedlungsnahen
Gebieten – fremde Arten zu, wie Roßkastanie, Goldregen, Flieder,
Schneebeere, Spiräe, so kann man sie als bereichernde Elemente gedeihen lassen und ihr Verhalten in der Pflanzengemeinschaft studieren.
Als Gartenflüchtling ist die Rote Johannisbeere in unseren Rotweiden-
Erlenwäldern eingebürgert.
Stehen Bach- und Flußgelände ausreichend zur Verfügung, und hält
sich die Schleppspannung bei Hochwasser in den Grenzen von etwa
40 N/m^2, kann man auf jene Baumethoden mit lebendem Material
zurückgreifen, die unter den alten Oberbegriff Faschinenbau fallen.
Man hat sich klar darüber zu sein, daß ein Gehölzsaum, der aus einer
Spreitlage oder einem Weidenbesteck hervorgegangen ist, einschließlich seiner Krautschicht, wegen der Artenarmut nicht jene ökologische
Bedeutung haben kann, die ein Gehölz aufweist, das entsprechend der
potentiellen natürlichen Vegetation zusammengesetzt ist.
Verschiedentlich wurde versucht, den Lebendverbau im außeralpinen
Raum Mitteleuropas wieder zu erwecken. Eine breitere Basis hat er
nicht erhalten können. Die Lohnkosten sind intensiv, und an Fach-
kräften mangelt es.
Neue Bemühungen in dieser Hinsicht zu einer Zeit, die die Stärkung
aller vegetativen Kräfte als Aufgabe erkannt hat, sowie die Impulse,
die von unserer Gesellschaft für Ingenieurbiologie zu erwarten sind,
lassen eine allgemeinere Anwendung jener Lebendbaumethoden erhof-
fen, die altes Ingenieurgut sind.
Bei Verbundbauweisen, dort also, wo man sich zur Ufersicherung sowohl toten als auch lebenden Materials bedient, wird zu fragen sein, ob
nicht zweckmäßig ist, durch Einbringen von Gehölzen der potentiellen

natürlichen Vegetation – unter Berücksichtigung ihres Verhaltens bei Hochwasserabfluß – einen Bewuchszustand am Ufer zu erstreben, der einem Buschweidensaum oder Weidenteppich als Lebensraum für Tier und Pflanze überlegen ist.

In den 30er Jahren dieses Jahrhunderts wertete der Ingenieur als Fortschritt, an Krone und Schulter der Gewässerböschungen oberhalb des Ausbauwasserspiegels oder in die hydraulisch nicht ins Gewicht fallenden äußeren Zwickel des Abflußquerschnittes Gehölze zu setzen. Diese standen in keinem Bezug zum gewöhnlich fließenden Wasser. Sie waren kein gleichwertiger Ersatz für die vormals vorhandenen natürlichen Gehölzsäume.

Heute schlägt man vor, die Gerinneböschung ganz zu bebuschen, um Unterhaltungskosten zu sparen. Wegen der mitunter oder möglicherweise erforderlichen Räumung des Gewässerbettes verlangt man aber einen gehölzfreien Unterhaltstreifen, je nach Breite des Gewässers, an einem Ufer oder an beiden Ufern. Ein Vollwaldprofil soll zugelassen werden, wenn der Wasserstand ausreicht, um vom Wasser aus die Unterhaltungsarbeiten vorzunehmen. Solche Vorschläge geben sich als naturnah und landschaftsgerecht, machen aber weitreichende Zugeständnisse an die Maschine, die meiner Ansicht nach nicht gerechtfertigt sind. Der Wasserbauer verzichtet hier auf das ökologisch bedeutsamste Glied eines naturhaften Gewässers, auf den oberhalb des Sommer-Mittelwasserspiegels stehenden Saumwald. Jedes Gewässer, dem dieses Glied fehlt, ist ein Torso!

Selbstverständlich können es die besonderen Verhältnisse erforderlich oder wünschenswert machen, längs einer längeren oder kürzeren Strecke auf den Uferwald zu verzichten. Dies sollte nur die Ausnahme, nicht die Regel sein!

Im übrigen ist mir kein Fall bekannt geworden, wo es wegen eines bestehenden Saumwaldes zu Unzuträglichkeiten bei der Unterhaltung gekommen ist. Wo nötig, ist eine Baumgruppe schnell gefällt, um jene Arbeiten ausführen zu können, deretwegen man das Ufer ganz von Gehölz entblößt sehen will. Wir müssen uns dagegen wenden, daß in der Landschaft der Maschine ein unangemessener Vorrang vor ökologischen Belangen eingeräumt wird.

Wir Ingenieure haben bisher unsere Projekte meist nur unter dem Gesichtspunkt vordergründigen Nutzens und Schadens betrachtet. Wir sahen uns als Menschen isoliert von Tier- und Pflanzenwelt. Heute wissen wir, daß wir Glieder einer Lebenskette sind, und daß unser Wohlergehen vom Wohlergehen der übrigen Glieder abhängt.

Daß sich diese Erkenntnis auf unsere Handlungsweise auswirken sollte, brauche ich wohl nicht besonders zu betonen. Es darf uns nicht mehr mit Stolz erfüllen, dieses oder jenes Werk gegen die Natur ausgeführt zu haben. In eine tiefere seelische Dimension reicht die Freude zu sehen, wie sich nach der Gestaltung eines Werkes eine Lebensvielfalt einstellt, die unter den früheren Bedingungen nicht möglich war.

Literatur:

KREUTER, F., Der Flußbau – Band III des Handbuchs der Ingenieurwissenschaften, Leipzig 1900

MESZMER, F., Das Beispiel eines naturnahen Bachausbaus – Veröffentlichungen der Landesstelle für Naturschutz und Landschaftspflege Baden-Württemberg H. 27/28, Ludwigsburg 1961

(MESZMER, F., Die anthropologische Landschaft – Der Deutsche Jäger 88. Jg. H. 17, München 1971

MESZMER, F., Der Wasserbauingenieur und die pflanzensoziologische Frage – Wasser und Boden 75. Jg. H. 12/1973, Hamburg.

MESZMER, F., Naturnaher Bau von Fließgewässern – Ingenieurbiologische Maßnahmen bei Rekultivierungsverfahren, Bund Deutscher Landschaftsarchitekten Nr. 20, München 1977

PIEPMEIER, R., Landschaft – Historisches Wörterbuch der Philosophie Band 5, Hrsg. J. Ritter † und K. Gründer, Basel 1980

RUDY, H., Beurbarungswut – Versteppung – Deutsche Wasserwirtschaft 36. Jg. H. 10/1941, München und Stuttgart

SCHLÜTER, U., Naturnaher Ausbau von Wasserläufen aus der Sicht des Landschaftsplaners – KWK-Seminar Nr. 10 Naturnaher Gewässerbau, Karlsruhe 1976

WALLNER, J., MÜLLER, M., Der natürliche Uferbewuchs als Vorbild naturnaher Flußkanalisierung – Deutsche Wasserwirtschaft 35. Jg. H. 10 und 11/1940, München und Stuttgart

Diplomingenieur Franz Meszmer
In den Schmelzgärten 8
6950 Mosbach/Baden

Eduard Kirwald

Schäden und Nutzen von Gewässerwäldern

Damage caused to and uses of Lacustrine and Riparian Forestry

Zusammenfassung:
Im ersten Teil wird auf Schäden eingegangen, die Fließgewässer an Pflanzen, unter Mitwirkung von Pflanzen und in den Einzugsgebieten hervorrufen können. Der zweite Teil ist dem Nutzen der Gewässerwälder auf die Gewässer und die von ihnen durchströmten Landschaftsräume gewidmet. Dabei wird auf den Aufbau, die Wirkungsweise, die Artenzusammensetzung und die Erneuerung von Gewässerwäldern eingegangen. Im letzten Abschnitt wird die Vegetation an Wildwassern, Runsen und stehenden Gewässern behandelt.

Summary:
The first part of this talk is devoted to the discussion of damage which can be caused by running waters to plants, by interaction with plants, and in catchment areas. The second part deals with the use lacustrine and riparian forestry can afford to still and running waters and to the landscapes in which they are to be found. In furtherance of these themes, the creation, the scope, mixed composition and renewal of lacustrine and riparian forests are dealt with. In the last part of this talk, the vegetation affected by torrential waters, rills and standing waters is discussed.

1. Einleitung

Gewässerwälder dienen der Gewässerpflege. Diese umfaßt die Pflege der Gewässer selbst sowie die Berücksichtigung der Zustände in den Einzugsgebieten und, wo notwendig, deren Betreuung. Sie sind die

Quelle des Wassers und der Vorgänge im Feststoffhaushalt der Gewässer. Die Pflege muß somit schon an den Wasserscheiden beginnen und bis in die Mündungen und in die Vorfluter reichen. Zu beachten sind die Böden, die Bodendecken, die Geländerformen, die Niederschläge und die Abflußvorgänge sowie alle künstlichen Eingriffe mit ihren Folgen.

Jedes Gewässer hat seine Eigenheiten, es gibt kein Schema, wohl aber Grundsätze und Leitideen für Vorkehrungen, Unterlassungen und Maßnahmen zur Pflege der Gewässer und zur Vorbeugung gegen Schäden an ihnen und in ihren Einzugsgebieten.

Mit zunehmender Beanspruchung unserer Lebensräume und ihrer Bedeutung für unser Leben und Wirken wandte man sich auch ihrer Rolle im Landschaftshaushalt zu. Rein mechanisch-technische Verfahren und Werke haben insbesondere an Fließgewässern gewisse Nachteile, Verödungen und Einseitigkeiten in der Natur gezeitigt.

2. Schäden und Nachteile

2.1 Allgemeine Gesichtspunkte

Es ist vorteilhafter und weniger kostspielig, nicht erst nach Art der Feuerwehr bzw. Wasserwehr einzuschreiten, sondern vorbeugend gewisse Verfahren und Erfahrungsregeln anzuwenden, um Schäden zuvorzukommen.

Die Landschaftshygiene ist Pflege der Leistungsfähigkeit und des Widerstandsvermögens der Landschaften, sie dient auch dazu, die Wirkung von Mitteln und Maßnahmen zu gewährleisten, Verluste zu vermeiden sowie Erträge zu erbringen oder zu steigern.

Aus gering erscheinenden Wunden und Schwächen können namentlich bei elementaren Angriffen Verheerungen entstehen, die generationenlang nachwirken.

Ein falscher Gebrauch von an sich richtigen Mitteln oder die Verwendung falscher Mittel und Maßnahmen am rechten Ort können sowohl Schaden stiften als auch Schaden erleiden. Auf die Verwendung von Vegetation angewandt, bedeutet dies eine Beschädigung des Bewuchses oder eine Störung des Gewässers bzw. Standortes.

2.2 Schäden an Pflanzen

Ich beschränke mich hier auf Schäden im Zusammenhang mit der Beziehung des Bewuchses zu seinem Gewässer oder zum Wasser in gesammelter Form, keineswegs auf den Pflanzenschutz schlechthin.

Im Hochwasserbereich, d. h. in Überflutungsräumen, sind Wirkungen und Rückwirkungen eines Bewuchses unterschiedlich je nach Jahreszeiten, nach Art und Dauer der Überflutung einerseits und je nach Pflanzenart und ihrem Alter anderseits.

Jungpflanzen sind z. B. empfindlicher als Altbäume. Jungwüchse leiden am ehesten durch eine Wipfelwasserdecke, am wenigsten aber durch eine fließende Bodenwasserdecke, wenn sie keine dichte Schlammdecke (Kruste) hinterläßt, die auch in einem Altholz durch Luftabschluß schadet.

Kurzfristige, d. h. Überflutungen von Stunden bis zu mehreren Tagen, ertragen auch während der Wachstumszeit u. a. ältere Stieleichen, Weiden, Ulmen, Pappeln, Erlen und Weißbuchen. Das sind Arten mit rauher, borkiger Rinde und guter Bewurzelung.

Glattrindige Arten, u. a. Rotbuche, Grauerle, Esche, Nadelbäume, insbesondere Fichten, aber auch Kiefern, gehen kurzfristig ein.

Stecklinge kann man u. U. durch Setzstangen (0,7 – 1,5 m) ersetzen, wo ein Verschlämmen droht.

Mechanische Schäden können entstehen durch Unterwühlungen und Wurf sowie durch Abrieb und durch Geschiebe, insbesondere an entblößten Wurzeln, ferner durch Bruch, bei Rückstau und durch Eis, das Verletzungen durch Scheuern oder bei abfallendem Wasser hervorruft, wenn eingefrorene Zweige oder Jungwüchse mit dem sinkenden Eis mitgerissen werden.

2.3 Schäden durch Pflanzen

In der Vergangenheit haben Schäden durch Pflanzen auch Nachteile gebracht, und zwar durch entwurzelte, gebrochene und mitgeschwemmte Bäume und Sträucher, Wurzelstöcke, aber auch durch Heu und Stroh. Solche Nachteile erwuchsen durch:

– Verwilderungen des Bewuchses mit dschungelartigem Dickicht;
– Ablenkung der Fließrichtung, Verwerfungen und Angriffe auf Ufer, Sohle und Bauwerke;
– Verklausungen vor Durchlässen und Brücken durch allerlei Schwemmsel und Treibgut;
– Behinderungen bei der Benutzung von Wasserläufen als Verkehrswege bei der Flößerei, beim Treideln (Freihalten von Treidelwegen);
– Begünstigung der Bildung von Nebenarmen oder Tümpeln (Fischfallen);
– Bedrohung oder Zerstörung von nutzbarem Land und Siedlungen.

Solche Nachteile führten u. a. auch dazu, daß man (künstlich) zusammengefaßte Gerinne baute und befestigte zur konzentrierten Ableitung des Wassers bis zu Hochwässern.

2.4 Schäden an der Landschaft

Schäden in den Einzugsgebieten können linear, regional und wirtschaftlicher Art sein.

Allgemein gilt, daß Gerinne freizuhalten sind von Abflußhindernissen wie Schwemmgut (Holz, Müll, Abfällen), oder in den Gerinnequerschnitt einwachsenden Bäumen (oft mit Säbelwuchs), Stöcken, Sträuchern und Ablagerungen, die sich oft verfestigen (z. B. Graswuchs). Aus dem Hochwasserbereich sollten flachwurzelnde (Nadel-)Bäume i. d. R. beseitigt werden.

Lineare Schäden treten oft in Form von Runsen oder in Zuzügen auf. Sie bilden Geschiebeherde. Runsen führen nur zeitweilig Wasser, leiten aber u. U. erhebliche Geschiebemassen ab, vertiefen sich, verursachen weiterschreitende Bodenzerstörungen, die an unerwünschten Orten landen. Solche Bodenwunden können oft aus anfangs geringfügig erscheinenden Ursachen entstehen wie aus Schleifwegen, Windwurflöchern oder Viehtritt (vgl. Abschn. 4.2).

Runsen (Rinnen an Hängen) können auch durch fehlerhafte Entwässerungen von Hangwegen entstehen, indem ihre Entwässerungen (Wasserfallen) in zu weiten Abständen errichtet werden, so daß zu große Wassermengen (bei Regengüssen) auf den Hang geleitet werden und Rinnen bilden. Ein dichteres Netz von Fallen oder Dolen ist notwendig.

Zuzüge sind gleichfalls zu beachten. Sie können ebenfalls durch die Wasser- und Geschiebezufuhr störend wirken.

Regionale Schadensquellen entstehen oft schon an den Wasserscheiden durch Wasserableitungen, Dränungen (Dürreschäden) anstelle von Umleitungen, Verteilungen und Versickerungen, die das Wasser wieder in den Boden leiten, statt es auf kürzestem Wege aus dem Lande zu jagen.

Tiefenschurf durch Regulierungen verursachen u. U. Absenkungen des Grundwasserspiegels im Umland mit Folgeschäden.

Flächenschäden entstehen auch durch Rutschungen. Sie sind durch kombinierte Verfahren von Bau- und Vegetationsmaßnahmen so zu sichern, daß der Boden seinen natürlichen Zweck als Erdhaut wieder ausüben kann. Die Feststellung der Ursachen ist entscheidend.

Wie eine starke Geschiebezufuhr das Gleichgewicht im Fließgewässer stören kann, so kann umgekehrt eine neue Erosion eintreten, wenn in oberliegenden Strecken unvermittelt jedwede Geschiebeerzeugung und Zufuhr radikal unterbunden wird. Dann kann eine neue Schurfwirkung des sauberen Wassers einsetzen und Widerlager, Grundmauern oder Böschungsfüße werden freigelegt. Dies kann dann auch eine Vegetation meist nicht verhindern.

Wirtschaftliche Vorkehrungen können sich auf gesetzliche Bestimmungen stützen, wenn in Wirtschaftsplänen vorbeugende Maßnahmen festgelegt und Schutz- und Bannwälder ausgeschieden werden. Die pflegliche Behandlung aller Wälder gehört heute zu den Grundforderungen der Landespflege. Forstgesetze schreiben genehmigungspflichtige Planungen vor.

Waldbesitzer unterliegen auch Einschränkungen des Eigentumsrechtes zugunsten der Allgemeinheit.

2.5 Schäden durch Einleitungen und Mißbräuche

Einleitungen und Mißbräuche verursachen oft erhebliche Schäden im Wasser und an Böden und Pflanzen. Sie werden hier nur der Vollständigkeit halber erwähnt. Der Gewässerschutz gegen Verschmutzung und Gift wird weiter entwickelt.

3. Nutzen

Die Verwendung der Vegetation im Kampf gegen die Elemente ist so alt wie der Kampf selbst. Er fängt beim Schutz gegen Wind und Wetter an und führt bis zum Wasserschutz, wenngleich die Verfahren und Mittel wechselten und kaum systematisch und folgerichtig angewandt wurden, so daß Erfahrungen verloren gingen.

Die mechanische Technisierung auch auf diesem Gebiet lag im Zuge des allgemeinen Industrialismus, sie entsprach dem jeweiligen Zeitgeist, der sich auch immer mehr der Welt des Geschaffenen, der Konstruktionen zuwandte.

3.1 Allgemeine Gesichtspunkte und Forderungen

Innerhalb der Baumgrenzen gibt es in unserem Klima eine ausreichende Auswahl an Holzpflanzen, die allen Ansprüchen gerecht werden können, wenn sie richtig und am rechten Ort angewandt werden. Pflegemaßnahmen sollten im allgemeinen sowohl nach außen auf die Landschaft und den Menschen als auch nach innen auf die eigene Verfassung und ihr Gedeihen im Bestmaß (optimal) wirken. Diese Leitlinie kann als »Lebensrichtigkeit« zusammengefaßt werden und als Maßstab für alle unsere Tätigkeiten gelten. Entscheidende Elemente und Wirkungen gehen von Lebewesen (Bakterien bis Pflanzen und Tieren) und von ihren Lebensgemcinschaften aus, sie sollen auch der Erhaltung und Entfaltung des Lebens dienen.

Allgemein gilt auch hier die Grundforderung, daß unsere Vegetationsmaßnahmen selbst nach einer Entwicklungszeit »durchströmbar« sein müssen und keine starren Hindernisse bilden sollen.

Ziel unserer Bemühungen ist die »gesicherte Einbindung der Gewässer in die Landschaft«.

3.2 Nutzen durch Überflutungen

In Waldbeständen bzw. Gehölzpflanzungen überhaupt können durch vorübergehende Überflutungen nicht nur Schäden entstehen, sondern auch vorteilhafte Einwirkungen erfolgen, z. B. durch düngende Einflüsse, Wasserversorgung, Standortsverbesserungen, Wachstumsförderung oder Schädlingseindämmung. Ein zweckdienlich aufgebauter Wald ist die bestgeeignete Vegetationsform für solche Räume, vorausgesetzt, daß auch die Vegetationshygiene diesem Standort gerecht wird (u. a. Vermeiden von Tümpeln, Abfallanhäufungen, Windwürfen und -brüchen).

3.3 Pflanzenarten

Die erwünschten Eigenschaften sind vor allem standörtliche Eignung, Verträglichkeit gegenüber vorübergehenden Wasserüberschüssen (auch Überflutungen), Anpassung des Wurzelwerks und u. U. vegetative Verjüngungsfähigkeit. Solche Arten sind z. B. Weide, Erle, Pappel, Esche, Stieleiche, Weißbuche, Feldulme, Winterlinde, Feldahorn, Eßbare Vogelbeere, Traubenkirsche, Hasel, Holunder, Faulbaum, Sanddorn und Rainweide. Höchste Lichtansprüche stellen Pappel, Esche (im Alter), Weide und Eiche.

Ein Fehler ist die Pflanzung sogenannter »Buntmischungen« aus einer Vielzahl von verschiedenen Arten, die alle auf dem betreffenden Standort stehen können. In einem gepflegten Garten mögen sie am Platze sein, in der rauhen Praxis scheitert ein solches Beginnen am späteren Mangel an Pflege und Erziehung, d. h. an Mitteln und Arbeitskräften. Eine Dickichtbildung ist schädlich. Pflanzungen ergänzen sich meist in wenigen Jahren.

3.4 Sicherung

Die Sicherung ist abhängig vom Charakter des Gewässers und von den Aufgaben und Verfahren der Einbindung. In Flachlandgewässern kann sie sich auf gewisse Verbesserungen der Geometrie des Gerinnes beschränken, wobei die Schlängelung (Seitenschurf) und Anlandungen die Hauptaufgabe darstellen dürften. Dabei können Behelfsmaßnahmen insbesondere an Prallufern mindestens für die Entwicklungszeit der Vegetation notwendig sein. Tiefenschurf entsteht vor allem infolge von Unregelmäßigkeiten in Anlandungen und in Kurven. An Gleitufern genügen i. d. R. Begrünungen. Doppelquerschnitte sind auch hier anzustreben. Gefällsreichere feinkörnige Gerinne sichert man mittels Querwerken verschiedenster Art und Wirkungsweise. Oft wird das Gefälle durch Schwellen gebrochen und in deren Vorfeld (Tosbecken usw.) zur Energieumwandlung gebracht. Bezweckt wird die Überführung der Flechtströmung (turbulent, wirbelnd) in eine beruhigte Bandströmung (laminar) (vgl. Abschnitt 4.1).

3.5 Einbindung

Die Einbindung eines Gewässers erfolgt im Boden und im Luftraum.

Im Boden spielen die Beschaffenheit und Wirkungsweise des Wurzel-
raumes die Hauptrolle. Er soll erschlossen und verfestigt werden, durch-
lässig und widerstandsfähig gegen Zerfall und Abtrag bei Wasserauf-
nahme und -abgabe sein und zugleich Luft aufnehmen und abgeben. Alle
genannten Wirkungen sind nur zu erreichen durch ein Fachwerk aus
Wurzeln und einem Gefüge aus Krümeln von Feinkörnchen, die durch
Bindemittel, Klebstoffe und Humus zusammengehalten und erneuert
werden. Sie ermöglichen und sichern das Wachstum und die vielfältige
Vermittlerrolle des Bodens als »Erdhaut« mit erneuerbaren Funktionen.
Vorteilhaft ist auch das Eindringen von Wurzeln unter die Grundwasser-
Spiegelhöhe entlang der Fließgewässer.

Im Luftraum ist die Anlage und Entwicklung des Bewuchses so zu lenken,
daß eine eigenartige, typische und ihrer Art unnachahmliche Gegenwir-
kung gegen die kinetische Energie des fließenden Wassers erreicht wird.
Die geschlossene Wassermasse wird zerteilt, durchgewirbelt und in seiner
Wichte verändert, so daß seine Energie in andere, unschädliche Arten
umgewandelt (nicht aber »vernichtet!«) wird und zwar in Reibung, Wär-
me und Schall. Das Wasser-Luftgemisch hat eine geringere Wichte, die
Feststoffe erleiden einen geringeren Auftrieb, ihre Standfestigkeit wird
erhöht, desgleichen der Sauerstoffgehalt, der in unseren Gewässern sehr
willkommen ist.

Die Wirkung eines lebenden Bewuchses erfolgt federnd, die Fließrichtung wird nicht nachteilig abgelenkt wie bei starren Hindernissen. Alle
Vorgänge werden gedämpft und nicht etwa aufgehoben, ähnlich wie bei
einem Windschutz aus durchlässigen, durchkämmbaren Hecken.

Ein Gewässer-Schutzwald, der ein Gewässer einbindet, d. h. mit der Landschaft verbindet, ist nicht nur erneuerbar, vielseitig und allzeit bereit,
sondern auch mit weiteren Einflüssen auf Raum, Tier und Mensch wirk-
sam, die z. T. nicht vergegenständlicht werden können und daher auch
nicht meßbar sind. Man kann diese Einflüsse an ihren Auswirkungen erkennen. Sie sind unentbehrlich. Die Bedeutung von Gewässern mit Uferschutzwäldern nimmt zu. Solche Landschaften gehören zu den erhol-
samsten und begehrtesten Gegenden, insbesonders in Verbindung mit
Wanderwegen und Durchblicken, jedoch ohne Rummelplätze und Ge-
schäftsbetriebe.

Zur Einbindung gehört auch die Nachhaltigkeit und Beständigkeit der
Wirkung sowie die Erneuerungs- und Erntefähigkeit. Wenn diese Forderungen erfüllt werden, stellen sich weitere erwünschte Wirkungen von
selbst ein.

3.6 Nutzung und Erneuerung

Eine Nutzung soll zugleich der Erneuerung bzw. Verjüngung dienen. Sie
soll frühzeitig vorbereitet, mäßig und oft vollzogen werden, ohne die er-

wünschten Einflüsse unwirksam zu machen oder Folgeschäden zu verursachen. Dieser Vorausschau und Planung sollen Erfahrungen dienstbar
gemacht werden, die sich aus jahrhundertelanger Benutzung und Pflege
von Holzpflanzen einerseits und aus konkreten Erkenntnissen der Wasserwirtschaft ergeben.

Es ist somit die Verjüngungsfähigkeit, auch die vegetative, von Wurzeln,
Stöcken, Stämmen und Pflanzenteilen zu benutzen, um die Wirkung
der Pflanzenmäntel nur kurzfristig zu unterbrechen. Stöcke sind nicht zu
roden, sondern nur niedrig, etwas geneigt und glatt abzuschneiden, um
Rückstau, Absturz und Kolkbildung zu vermeiden. Ferner sind zu dichte
Ausschläge, wie sie auf guten Standorten beim ersten Hieb oft vorkommen, zu lichten, damit sie durchströmbar werden.

Für genügend Wuchsraum ist auch bei »Oberhölzern« zu sorgen, damit
sie sich gut entwickeln – auch bewurzeln – können. Ein Fußschutz muß
vor Auswaschungen bewahren, den Boden durchwachsen und verfestigen.

Immer und überall sind Auswirkungen auf Wasser, Wind und Schnee
(Kronensymmetrie!) zu beachten. Auch ist auf eine »Verbandswirkung«
innerhalb der Bestände zu achten.

Der Schutz vor Mensch, Wild und Vieh bildet oft ein Hauptanliegen, zumal das Wild Pflanzungen von besonderem Wert für ihre Umgebung als
Leckerbissen bevorzugt.

Schadholz, besonders Windwürfe sind alsbald zu entfernen. Ein gut
bekronter Baum kann den Stromstrich gefährlich beeinflußen (»Rauh-
baumwirkung!«).

3.7 Mittelwald

Der Mittelwald als gegebene Mischwaldform ermöglicht es am besten,
alle notwendigen Aufgaben zu lösen und Wirkungen auszuüben, nämlich
den Schutz, die Landespflege i. w. S., die Wertholzerzeugung und Erneuerung. Der Aufbau kann bestehen aus dem Unterholz aus Laßreiteln
(Stockausschlägen und Samenbäumen von Hainbuche, Esche, Erle und
Linde) als Nachwuchs und aus Oberholz (Esche, Stieleiche und Pappel)
mit angehenden Bäumen und Alt- oder Hauptholz (Eiche und Esche).
An Rändern können Sträucher nützlich sein (Hasel, Holunder, Feldulme und Feldahorn), da eine Traufbildung zu einer Übergangslandschaft
und Lebensstätte mit mannigfachen Aufgaben dazugehört.

Für Althölzer eignen sich besonders Arten, die langlebig, tiefwurzelnd
und wenig schattend sind.

Im Unter-(Schutz-) Holz wird schon mit 10 – 20 Jahren verjüngt, bei Altbäumen mit 100 und mehr Jahren.

Guter Mittelwald ist schwierig, aber dankbar und interessant mit allen
Eigenschaften zur Erfüllung aller Aufgaben und anpassungsfähig. Für die

wahre Gewässerpflege gehört ihm die Zukunft, auch wenn er heute noch nicht entsprechend gewürdigt wird.

3.8 Energiequellen und -ernten

Wenn ein Gewässerwald als typischer Mittelwald aufgebaut wird, kann dabei eine bewußte Stoff- und Werterzeugung höchster Wertklasse herangezogen werden. Als eine von vielen Möglichkeiten sei z. B. angedeutet, daß die Weiß- oder Hainbuche sich oftmals vom Stock verjüngen läßt, indem sie mit 20 Jahren erstmals und dann wiederholt etwa alle 20 Jahre etwa 4 – 5 mal auf den Stock gesetzt wird, bis über ihr eine Eiche (Esche) wertvolles Nutzholz liefert, das genutzt werden kann. Die Erneuerung von Kernholz (aus Samen) darf nicht vernachlässigt werden, damit der Bestand nicht verkümmert. Verjüngungen vom Stock dürfen nicht ins hohe Alter hinausgeschoben werden (außer bei der Schwarzerle).

In den kommenden Zeiten des Zwanges zum sparsamen Stoff- und Energieverbrauch werden die mittels der Sonnenenergie und des Blattgrüns gewonnenen und erneuerbaren Naturerzeugnisse sehr willkommen sein und entsprechend gewürdigt werden.

Heute angelegte Gewässerwälder, besonders ihre wertvollsten Glieder, reifen erst in Generationen voll aus. Ihre Schutzwirkung ist jedoch schon bald, im Jungwuchsalter nutzbringend zu erreichen. Als ersten Schutzmantel kann man eine Kultur aus Weidenstecklingen anlegen, die schon im ersten Jahr schützt. Kernwüchse sind vor Stockausschlägen zu schützen, die schneller wachsen (Freihiebe).

4. Besondere Aufgaben

Besondere Aufgaben ergeben sich in Landschaften mit besonderen Eigenschaften, die ihrerseits entsprechende Maßnahmen erfordern. Hier seien Wildwässer, stehende Gewässer und Runsen erwähnt.

4.1 Wildwässer

Wildwässer sind geschiebeführende Wildbäche und Wildflüsse sowie Gießbäche ohne nennenswerte Geschiebeführung.

Wildbäche zeichnen sich durch ein großes Gefälle (über 3%) und eine stark wechselnde, rasch anschwellende und abfallende Wasser- und Geschiebeführung aus. In Mittelgebirgen weisen sie oft einen gestreckten Mittellauf, die Umlagerungsstrecke, als längsten Abschnitt auf, der in einen Schwemmkegel an der Mündung oder unmittelbar in einen Vorfluter mündet.

Gefälle und Schwankungen der Wasser- und Geschiebeführung sowie der Fließgeschwindigkeit erfordern bautechnische Maßnahmen (Hilfswerke). In das grüne Kleid, d. h. in die Einbindungssäume, müssen wir ein Skelett aus Querwerken einbauen in Form von Gurten (in der Sohlenebene) oder Schwellen (Abstürze, Treppen) mit Vorfeldsicherungen, Sturzbetten oder wirksameren Tosbecken und Wangen zur Brechung des Gefälles und der Schurfkraft und zur Festigung der Sohle.

Wir haben mit der »Kombinierten Wildbachverbauung oder Wildbacheinbindung« zahlreiche Sanierungen ausgeführt, die heute eingewachsen sind.

Eine besondere naturnahe Form von Querwerken bilden sogenannte »Höckerschwellen« und »Höckergurte«, die sich in einem starken Gefälle und Grobgeschiebe empfehlen, da sie natürlichen Vorbildern in Gebirgsbächen nachgebildet sind und die Zerwirbelung des Wasserkörpers mit Gefällsminderung bewirken und nicht als Fremdkörper empfunden werden. Die Felder zwischen den Schwellen wurden biologisch geschützt. Diese Verfahren sind wohlfeil, sie passen besonders in Landschafts- und Naturschutzgebiete, da sie Naturgebilden gleichen und kaum auffallen.

Eine sorgfältige Verbindung von Bauwerken mit Vegetationsmaßnahmen erfordert einen regen Anschauungsunterricht und Erfahrungsschatz, um zahlreichen Unberechenbarkeiten (Erdbewegungen, Verklausungen aller Art usw.) zu begegnen.

4.2 Runsen

Runsen sind Geschiebeherde, die ähnlich wie Wildwässer mit Hilfe von Behelfs-, weniger mit Hilfswerken und Vegetationsdecken gesichert werden müssen. Geflechte bilden Hilfen, die in den Boden versenkt und nicht aufgesetzt werden sollen, um nicht überspült oder unterwaschen zu werden. Weidenflechtruten, Setzstangen, Stecklinge und Pflanzen dienen der Befestigung. V-förmige Einschnitte sichert man durch Hebung der Sohle, die leicht eingetieft wird, die Verbreiterung sichert man mit Ausbuschungen, Matratzen oder Buschtreppen mit oder ohne Verpfählungen oder mit Höckerschwellen. Die Begrünung dient dazu, den Boden seinem natürlichen Zweck wieder zuzuführen.

4.3 Stehende Gewässer

Hier drohen Gefahren durch Aufweichung der Ufer, Abtrag und Windwürfe. Bei größeren Staubecken kann der durch Wind verursachte Wellenschlag schaden. Vor Bepflanzungen sind oft Behelfsmaßnahmen wie bei Fließgewässern angebracht.

An Stauweihern kenne ich Fälle von Windwürfen landschaftlich hervorragender Altbäume, die dadurch entstanden sind, daß das Stauziel erhöht wurde und das Grundwasser im Uferbereich ständig anstieg, so daß sich das Wurzelwerk zurückbildete, d. h. es verflachte. Die in Jahrzehnten ausgebildete Standfestigkeit ging verloren. Ein ausreichender Wurzelraum (von etwa 50 cm über Spiegelhöhe und mehr) sollte angestrebt werden.

Bei Talsperrenbecken ist auf eine mögliche Laubeinwehung oder auf eine Versauerung anliegender Böden (Rohhumus) zu achten, um zu verhindern, daß die Wassergüte leidet.

Standortsfremde Baumarten, z. B. Rotbuchen mit starkem Abfall von leicht verwehbarem Laub, sind eventuell durch Eschen zu ersetzen, deren Laub nicht so leicht verweht wird (es verfilzt sich). Laubverwehungen aus einem Wald sind auch ein Zeichen dafür, daß der zu einer guten Waldwirtschaft gehörende Waldmantel (Trauf) nicht in Ordnung ist. Bodenschutzholz, Windschutzhecken oder Laubfänge können hier weitere vorbeugende Mittel darstellen.

Versauerte Fichten-Nadelstreuauflagen (Rohhumus) sind durch Kalkung (Gründüngung), Unterbau oder Bestockungswechsel dort zu sanieren, wo ein unmittelbarer Abfluß von Niederschlägen in das Becken und eine Verschmutzung droht.

Als Übergangssäume können wie bei Kanälen Wasserpflanzen in Frage kommen, z. B. Schilf, Binsen, Rohrkolben und Sandrohr.

5. Gesamtschau

Aus der Zusammenfassung der kurzen Umrisse von naturnahen Gewässerpflegemaßnahmen mittels Vegetationsdecken und kombinierter Einbindung der Gewässer in die Landschaft ergibt sich eine Vorausschau, bei der die Vorbeugung Vorrang hat. Sie geht anschließend in eine fortgesetzte produktive Pflege über und endet mit Nutzungen, die sich nachhaltig erneuern lassen, so daß heute gesät bzw. gepflanzt wird, was morgen geerntet werden soll.

Solche Landschaftsteile werden dann nicht nur als Gesundbrunnen und Lebensströme der Landschaften geschätzt werden. Sie können dann auch mit der Urerzeugung der Land- und Forstwirtschaft zur umfassenden Landeswirtschaft, also zu den Erzeugern natürlicher Stoffe und Energie gezählt sowie laufend gefördert werden. Was bisher Last war, kann zu einer schöpferischen, fruchtbaren Arbeit werden, die jeder Mühe wert ist und sein wird.

Professor Dr.-Ing. Dr.-Ing. E. h.
Eduard Kirwald
Im Oberfeld 2
7800 Freiburg i. Br.

Zusammenfassung:
In fünf Exkursionsbeispielen werden Fließgewässerabschnitte des Hiffelbaches und der Odenwälder Elz im Neckar-Odenwaldkreis unter Gesichtspunkten eines naturnahen Gewässerausbaus und der Errichtung und Erhaltung von Uferschutzwäldern beschrieben. Für jeden Gewässerabschnitt wurde u. a. auf folgende Bereiche näher eingegangen: Lage, Relief, Gestein und Boden, Niederschlag, natürliche Waldgesellschaften, Einzugsgebiet, Gewässergeschichte, Gewässerdaten, Nutzung, Ufervegetation, Tierwelt, Uferschutzwald, Träger der Baumaßnahme und Kosten des Ausbaues.

Summary:
Five examples of excursions are given, describing running water sections of the Hiffelbach and of the Odenwald Elz in the R. Neckar/Odenwald area, with regard to the naturalistic extension of water conservation, and to the creation and maintenance of bank and shoreline protection forestry. Each section is described with particular emphasis on site, relief, geology, rainfall, plant communities, catchment area, history of development, waterflow statistics, use, bank flora, fauna, bank protection forestry, responsibility for construction measures, and costs of construction work.

Seite 41:
Übersicht über das Exkursionsgebiet. Lage der Exkursionsbeispiele 1 bis 5.

Gesellschaft für Ingenieurbiologie

Exkursionsbeispiele auf der Tagung der Gesellschaft für Ingenieurbiologie am 26. und 27. September 1980 in Mosbach/Baden

Examples taken from excursions during the Conference of the Society for Biological Engineering on 26 and 27 September 1980 in Mosbach, Baden

Die Gesellschaft hat vor, die auf ihren Tagungen besichtigten und in den Exkursionsführern enthaltenen Exkursionsbeispiele im jeweiligen Jahrbuch abzudrucken.

Im Exkursionsführer zur Tagung in Mosbach weisen die Exkursionsbeispiele 2 und 3 keinen Uferschutzwald auf. Sie wurden in das Exkursionsprogramm aufgenommen, um Vergleiche zu ermöglichen, zumal die Exkursionsbeispiele 3 und 4 in enger Nachbarschaft am gleichen Fließgewässer, der Odenwälder Elz, liegen.

In den Exkursionsbeispielen 2 bis 4 werden Arbeiten gezeigt, die von Herrn Dipl.-Ing. Franz Meszmer geplant und ausgeführt wurden oder an denen er beteiligt war. Über einige Arbeiten ist in Fachzeitschriften berichtet worden. Herr Meszmer hat sich als Bauingenieur seit mehr als zwei Jahrzehnten mit Fragen des naturnahen Wasserbaues beschäftigt. Er wirkte an der Vorbereitung der Tagung mit, leitete die Exkursionen und stellte den Exkursionsführer zusammen.

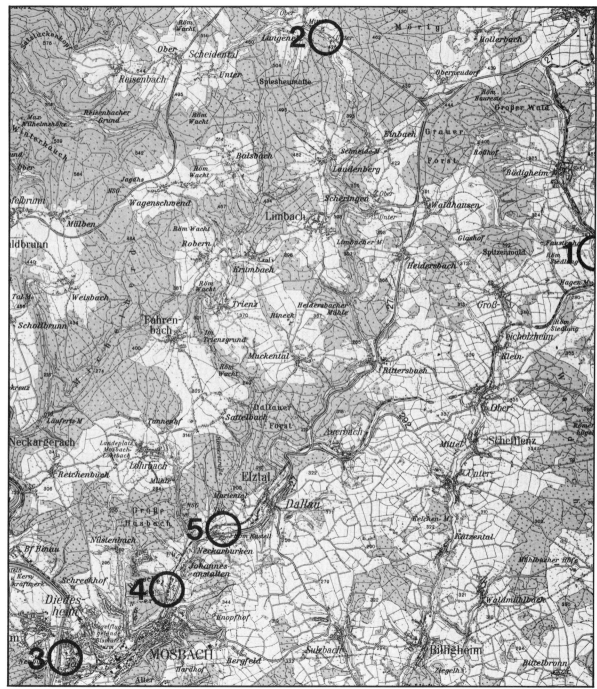

Topographische Karte 1:100000 Blatt C 6718 Heidelberg

Exkursionsbeispiel 1
Gewässer: Hiffelbach (Gewässer zweiter Ordnung) zwischen der Einmündung des Gewesterbaches bis zur Sägmühle (Länge 1,3 km), Gemarkung Bödigheim der Stadt Buchen, sowie Gemarkung und Gemeinde Seckach, Neckar-Odenwaldkreis.

Lage des Gewässerabschnittes

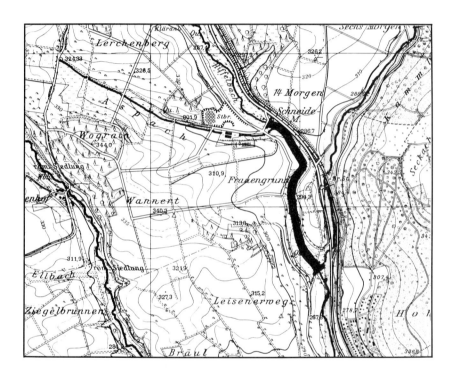

Topographische Karten 1 : 25 000
Blätter 6521 Limbach und 6522
Adelsheim

Gewässergeschichte: Die älteste hinreichend genaue kartographische Darstellung auf einem 1839 veröffentlichten topographischen Blatt stimmt mit dem heutigen Verlauf in etwa überein. Wegen des beidseitigen geschlossenen Gehölzbewuchses sind in diesen 140 Jahren nur geringfügige Laufverschiebungen eingetreten.
Gewässerdaten: Das Einzugsgebiet (Abb. 1) ist am Steg auf der Gemarkung Seckach 16,5 km^2 groß. Der Abfluß bei 100-jährlichem Hochwasser beträgt 20 m^3/s, bei einjährlichem Hochwasser 4 m^3/s und bei Mittelwasser 0,22 m^3/s.

Relief: Die Oberflächengestalt des Einzugsgebietes ist überwiegend hügelig mit sanften Hangneigungen. Die Höhenlage im Bereich des Exkursionsbeispiels beträgt 275 m über NN. Das Hauptquellgebiet befindet sich beim 2,5 km oberhalb des Exkursionsbeispiels liegenden Dorf Bödigheim. Der Hiffelbach mit seinen Zuflüssen ist Teil des Gewässersystems der Seckach. Die Seckach entwässert in die Jagst.

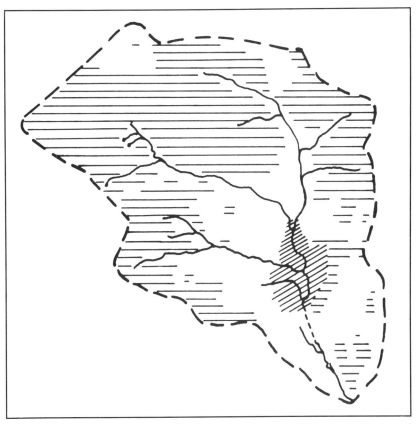

Wald   64 %

Grünland und Acker   31 %

bebaute Flächen   5 %

Fließgewässer

Grenze des Einzugsgebietes

Abb. 1
Fließgewässer und Landnutzung im Einzugsgebiet des Hiffelbaches oberhalb Seckach

Maßstab 1 : 50 000

Gestein und Boden: Etwa die Hälfte des Einzugsgebietes wird von Schichten des Wellendolomits und des Wellenkalks des Unteren Muschelkalks eingenommen. Es gehört zum Muschelkalkgebiet des sogenannten »Baulandes«. Die Böden sind unterschiedlich. Tiefgründige Lößböden wechseln mit flachgründigen schweren Böden und warmen, steinigen

Abb. 2
Hiffelbachtal zwischen Seckach und
Bödigheim

Kalksteinrendzinen ab. Die andere Hälfte des Einzugsgebietes besteht
aus Röttonen des Oberen Buntsandsteins. Vorherrschend sind hier
Braunerden und Parabraunerden geringer Basensättigung. Im Bereich
des Exkursionsbeispiels haben sich auf Schwemmlehm, der stellenweise
einen starken Tonanteil aufweist, Auenböden verschiedener Ausprägung
entwickelt.

Niederschlag: Der mittlere jährliche Niederschlag beträgt rund 800 mm.

Natürliche Waldgesellschaften: Die vorherrschende natürliche Waldgesellschaft auf Löß und Lößlehm ist der reiche Hainsimsen-Buchenwald
(Luzulo-Fagetum milietosum). Stellenweise kommt der Waldmeister-
Buchenwald vor. Bei stärkerer Pseudovergleyung auf schweren Böden
treten auf wechseltrockenen bis trockenen Standorten Waldlabkraut-
Traubeneichen-Buchenwald (Galio sylvatici-carpinetum) und auf wech-
selfeuchten bis feuchten Standorten sowie in feuchten Tälern der Stern-
mieren-Stieleichen-Hainbuchenwald (Stellario holostea-Carpinetum) in
Erscheinung. Im Bereich des Oberen Buntsandsteins kommen Hainsim-
sen-Buchenwälder verschiedener Ausprägung, oft in kleinflächigem
Wechsel mit anderen Waldgesellschaften vor (in Anlehnung an
MÜLLER, T. und OBERDORFER, E.: Die potentielle natürliche Vegetation von Baden-Württemberg. Beihefte zu den Veröffentlichungen
der Landesstelle für Naturschutz und Landschaftspflege Baden-Württemberg. H. 6. Ludwigsburg 1974).

Nutzung: Die Muschelkalkfläche ist etwa zu einem Drittel bewaldet und
wird heute überwiegend als Acker genutzt. Früher gab es hier ausge-

Abb. 3
Talaue des Hiffelbaches zwischen
Seckach und Bödigheim mit geschlos-
senem Gehölzbewuchs auf beiden
Ufern

dehnte Weideflächen mit Verkarstungserscheinungen. Heute sind diese
Weideflächen zumeist aufgeforstet. Die Rötfläche ist überwiegend mit
Wald bedeckt. Die Talböden im Bereich des Exkursionsbeispiels werden
zumeist als Wiese genutzt (Abb. 1).

Ufervegetation: Das den Hiffelbach begleitende Ufergehölz besteht nach
F. Meszmer aus zwei Assoziationen. Im Bereich des Sommermittelwas-
sersaumes und an den Gerinneböschungen stockt ein Rötweiden-
Schwarzerlenwald, Salici rubentis-Alnetum (Ass. nov., Verband Alno-
Padion). An diese Pflanzengesellschaft schließt sich im oberen Bö-
schungsbereich ein Aschweiden-Wasserschneeballgebüsch, Salici (cine-
reae) – Viburnetum opoli Moor 1958 (Verband: Berberidion) an. Beide
Gesellschaften sind stellenweise miteinander verzahnt.
Die Rötweide (Salix x rubens Schrank), die im nordbadischen Raum
einen konstanten Habitus aufweist, wird als Charakterart des Rötweiden-
Schwarzerlenwaldes angesehen. Als Differentialarten zum Hainmieren-
Schwarzerlenwald (Stellario-Alnetum glutinosae Lohm. 1957) können
auftreten: Feldahorn (Acer campestre), Grauerle (Alnus incana), Weiß-
pappel (Populus alba) und Silberweide (Salix alba).
Zwischen der Einmündung des Gewesterbaches und der Sägmühle setzt
sich der auf beiden Ufern jeweils 3 – 6 m breite Baum- und Strauchbe-
stand des Hiffelbaches aus den nachfolgend genannten Arten zusammen,
die hier unabhängig von der Zugehörigkeit zur einen oder anderen Asso-
ziation genannt werden. Die Mengen sind teils geschätzt, teils gezählt.

Abb. 4
Hiffelbach zwischen Seckach und
Bödigheim. Durch Eschen gesicherter
Böschungsfuß. Bewegtes Kleinrelief
auf der Gewässersohle

Abb. 5
Hiffelbach zwischen Seckach und
Bödigheim. Sicherung des Böschungs-
fußes und von Teilen der Sohle durch
eine Schwarzerle

Bäume	**Anteil an der Baumschicht**
Schwarzerle (Alnus glutinosa)	60 %
Feldahorn (Acer campestre)	11 %
Rötweide (Salix rubens)	10 %
Bergahorn (Acer pseudoplatanus)	9 %
Esche (Fraxinus excelsior)	5 %
Stieleiche (Quercus robur)	2,5 %
Bruchweide (Salix fragilis)	2 %
Silberpappel (Populus alba)	0,5 %

Sträucher	**Anteil an der Strauchschicht**
Hasel (Corylus avellana)	30 %
Hartriegel (Cornus sanguinea)	16 %
Pfaffenkäpplein (Euonymus europaea)	12,5 %
Aschweide (Salix cinerea)	11 %
Eingriffeliger Weißdorn (Crataegus monogyna) und Bastarde	10,5 %
Schwarzer Holunder (Sambucus nigra)	7,5 %
Schlehdorn (Prunus spinosa)	4 %
Wasserschneeball (Viburnum opulus)	2 %
Hundsrose (Rosa canina)	2 %
Salweide (Salix caprea)	2 %
Mandelweide (Salix triandra)	1 %
Purpurweide (Salix purpurea)	0,5 %
Kreuzdorn (Rhamnus cathartica)	0,5 %
Wildbirne (Pirus communis)	0,5 %

Außerdem tritt die Brombeere (Kratzbeere, Rubus caesius) auf.

In der Krautschicht kommen je nach Bodenfeuchte und Lichteinfall u. a.
folgende Pflanzen vor:
Sumpfdotterblume (Caltha palustris)
Kohlkratzdistel (Cirsium oleraceum)
Echtes Mädesüß (Filipendula ulmaria)
Roßminze (Mentha longifolia)
Sumpfziest (Stachys palustris)
Hundsquecke (Agropyron caninum)
Echter Baldrian (Valeriana officinalis)
Brennessel (Urtica dioica)
Hopfen (Humulus lupulus)
Wiesenkerbel (Anthriscus sylvestris)
Gelbes Windröschen (Anemone ranunculoides)

Abb. 6
Junge Wasseramsel auf einem Stein
im Hiffelbach

Tierwelt: An Fischen wurden Bachforelle (Salmo trutta) und Koppe (auch Groppe genannt, Cottus gobio) beobachtet. Der Hiffelbach ist außerdem Lebensraum für die Wasseramsel (Cinclus cinclus, Abb. 6). Die drei Tierarten weisen auf ein sauberes, naturnahes Gewässer hin.

Uferschutzwald: Der mehr oder weniger geschlossene, breite, artenreiche und ungleichaltrige Bestand aus Bäumen und Sträuchern auf beiden Ufern des Hiffelbaches hat ein vielfältiges Wurzelfachwerk ausgebildet, das sowohl Teile der Bachsohle als auch ausgedehnte Bereiche der Uferböschungen befestigt. Zahlreiche Bäume, vor allem Schwarzerle, Esche und Baumweidenarten stehen mit ihrem Stammfuß unmittelbar oberhalb der Mittelwasserlinie (Abb. Seite 10 und Abb. 4 und 5). Stellenweise übernimmt auch die Bodenflora Aufgaben der Ufersicherung (Abb. 5). Im Gewässerbett wechseln belichtete und beschattete Flächen, Steil- und Flachufer, enge und weite Krümmungen, Bänke und Kolke sowie schnell- und langsamströmende Strecken auf kleinem Raum miteinander ab und rufen eine hohe Zahl unterschiedlicher Biotope hervor. Soweit bekannt, sind nennenswerte Uferschäden nicht aufgetreten. Die zurückhaltende Art der Nutzung, vor allem durch vereinzeltes Auf-den-Stock-Setzen in größeren zeitlichen Abständen, führte zu einem vielfältigen Bestandsaufbau mit mittelwaldartigem Charakter (Abb. 2 und 3). Mehrere der vorkommenden Pflanzenarten weisen sowohl auf den Waldcharakter des Uferschutzwaldes als auch darauf hin, daß die reale Vegetation der potentiellen natürlichen Vegetation verhältnismäßig nahe kommt.

Exkursionsbeispiel 2

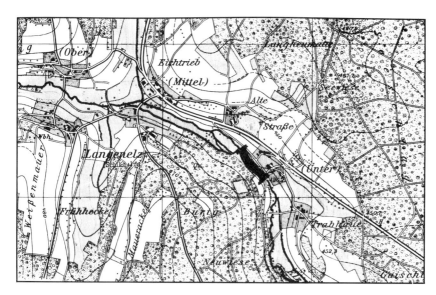

Lage des Gewässerabschnittes

Topographische Karte 1 : 25 000
Blatt 6421 Buchen (Odenwald)

Gewässer: Odenwälder Elz (Gewässer zweiter Ordnung) oberhalb der Feldwegbrücke in Unter-Langenelz, Gemarkung Langenelz, Gemeinde Mudau, Neckar-Odenwaldkreis.

Gewässergeschichte: Von früheren baulichen Maßnahmen ist nichts bekannt. Vor dem Eingriff im Jahr 1974 schlängelte sich die Elz durch die Talmitte. Seitlich waren die Wiesen durch Quellaustritte sumpfig, wie heute noch unterhalb der Ausbaustrecke.

Gewässerdaten: Das Einzugsgebiet an der Feldwegbrücke in Unter-Langenelz ist 16,3 km² groß. Der Abfluß bei 100-jährlichem Hochwasser beträgt 22 m³/s, bei einjährlichem Hochwasser 5 m³/s und bei Mittelwasser 0,3 m³/s.

Einzugsgebiet: Das Einzugsgebiet (Abb. 7) ist eine »ebene, durch weite Mulden oder flache Rinnen gegliederte Hochfläche im Höhenbereich zwischen 450 und 550 m im Oberen Buntsandstein mit Böden, die aus Röttonen und Resten einer früheren ausgedehnten Lößdecke hervorgegangen sind und daher als schwache Lehmdecken dem Plattensandstein aufliegen« (KLAUSING 1967). Die Böden sind stark entkalkt und neigen örtlich zu Staunässe. Der mittlere jährliche Niederschlag beträgt etwa 900 mm. Ungefähr 2/5 des Einzugsgebietes sind von Wald mit hohem Fichtenanteil bedeckt. Die potentielle natürliche Vegetation ist der Hainsimsen-Buchenwald.

Im Uferbereich der Elz stockt auf Auenboden aus Schwemmlehm mit Geröll von Natur aus der Hainmieren-Schwarzerlenwald. Die Elz war

Klausing, O: Die naturräumlichen Einheiten auf Blatt 151 Darmstadt. Bad Godesberg 1967

früher ein Krebsgewässer. Heute kommen in der Elz fast ausschließlich Bachforellen und vereinzelt Aale vor.

Jahr der Bauausführung: 1974
Länge des Bauabschnittes: 235 m
Träger der Baumaßnahme: Gemeinde Mudau
Planung und Bauleitung: Wasserwirtschaftsamt Heidelberg, Außenstelle Buchen, unter Mitwirkung von F. Meszmer
Kosten: Die Baukosten betrugen rund 90 DM/m

Abb. 7
Fließgewässer und Landnutzung im Einzugsgebiet der Odenwälder Elz oberhalb Unter-Langenelz

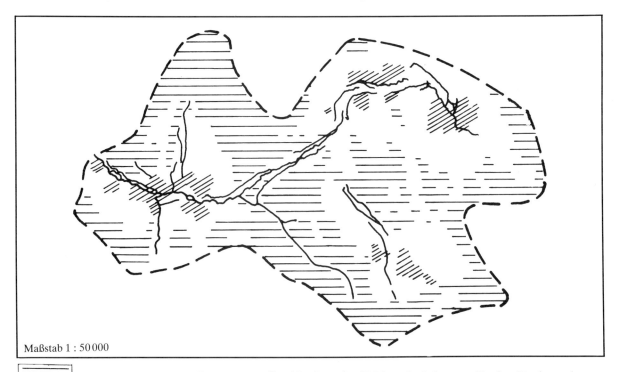

Maßstab 1 : 50 000

Wald	67 %
Grünland und Acker	26 %
bebaute Flächen	7 %
Fließgewässer	
Grenze des Einzugsgebietes	

Der notwendige Neubau der Feldwegbrücke war für den Besitzer der Wiesengrundstücke der Anlaß, eine Verlegung des Baches an den Talrand mit gleichzeitiger Entwässerung der Wiesen anzuregen. Die Gemeinde Mudau stimmte als Träger der Maßnahme diesem Vorschlag zu. Der Bauentwurf sah ein Trapezprofil mit einer Sohlbreite von 2 m und einer Böschungsneigung von 1 : 1,5 vor. Das Längsgefälle betrug 10 ^{0}/00. Als Ausbauhochwasser wurde ein Abfluß von 12,2 m³/s zu Grunde gelegt. Zur durchgehenden Befestigung von Sohle und Böschungen waren Rasengittersteine vorgesehen. Diese Baumaßnahme war bereits ausgeschrieben, sie wurde jedoch in bezug auf die Sohl- und Böschungssicherung auf Grund eines Gegenvorschlages (Abb. 5) abgeändert. Dieser

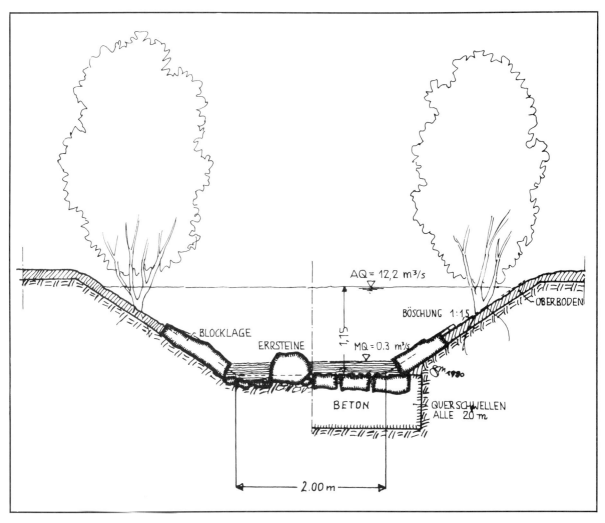

Vorschlag sah eine Böschungssicherung mit Sandsteinblöcken und die Festlegung der Sohle alle 20 m durch Sandsteingurte auf Betonsockel vor. Da ein Wasseramselbiotop geschaffen werden sollte, wurden auf der Sohle Errsteine ausgelegt und die Ufer beidseitig mit Gehölzen des Hainmieren-Schwarzerlenwaldes bepflanzt.

Die verwendeten Sandsteinblöcke erscheinen überdimensioniert. Sie sind es auch. Bei der Alternativlösung ging es darum, sie nicht teurer werden zu lassen als die ursprünglich geplante Lösung mit Rasengittersteinen. Dies war nur möglich, wenn die in einem Steinbruch des Maintals gebrochenen Blöcke keine weitere Bearbeitung zu erfahren brauchten. Die Verwendung dieser Blöcke brachte zudem ökologische Vorteile mit sich.

Abb. 8
Odenwälder Elz bei Unter-Langenelz. Halbprofile der Neubaustrecke 1974. Linkes Halbprofil Errsteine auf der Gewässersohle. Rechtes Halbprofil Sandsteingurte auf Betonsockel

---

Der Begriff Errstein wurde von F. Meszmer in Anlehnung an das Wort erratisch (= verirrt, zerstreut) geprägt. Er versteht unter Errsteinen größere, auf der Gewässersohle zerstreut angeordnete Steine, die besondere Biotope bilden und zur Erhöhung der Rauhigkeit beitragen. Solche Steine werden andernorts als Störsteine bezeichnet.

Das Verlegen mit dem Bagger konnte nicht exakt erfolgen. Auf diese Weise entstanden zahlreiche Nischen und Höhlen, wobei die Nischen die Ansiedlung von Vegetation begünstigen und die Höhlen den Forellen als Unterstände dienen. Die auf der Grünlandseite gepflanzten Bäume und Sträucher sind offensichtlich vom Anlieger entfernt worden.

Abb. 9 und 10
Odenwälder Elz bei Unter-Langenelz. Oben Neubaustrecke, unten nicht ausgebauter Abschnitt unterhalb der Feldwegbrücke. Aufnahmen Frühjahr 1980

Abb. 11
Odenwälder Elz bei Unter-Langenelz. Böschungsfußsicherung durch Rohsandsteine. Ihre Unregelmäßigkeit in Gestalt und Lage schafft eine bewegte Uferlinie. Das Ufer weist Nischen und Buchten auf, in denen Röhrichtpflanzen üppig gedeihen (im Vordergrund Flutender Schwaden, Glyceria fluitans)

Abb. 12
Odenwälder Elz bei Unter-Langenelz. Errsteine auf unbefestigter Sohle.
Die Errsteine rufen lokale Kiesab-
lagerungen hervor, verursachen
wechselnde Strömungsverhältnisse
und schaffen somit unterschiedliche
Lebensräume

Exkursionsbeispiel 3

Gewässer: Odenwälder Elz (Gewässer erster Ordnung), Gemarkung Neckarelz, Gemeinde Mosbach, Neckar-Odenwaldkreis.

Lage des Gewässerabschnittes

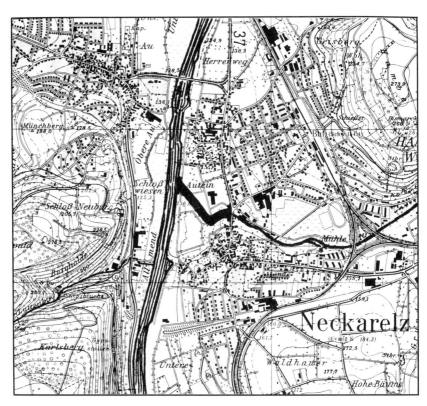

Topographische Karte 1:25 000
Blatt 6620 Mosbach

Gewässergeschichte: Von der Brücke oder heutigen B 37 aus floß die Elz seit altersher nach Durchlaufen einer nach Süden offenen Schlinge entgegen der Fließrichtung des Neckars nach Süd-Südwest, um nach Speisung des Grabensystems der Wasserburg Elz westlich gerichtet in den Neckar zu münden. Da bei Neckarhochwasser ein starker Rückstau der Elz hervorgerufen wurde, beschloß die Wasserwirtschaftsverwaltung, der Elz eine neue Mündung mit nordwestlichem Verlauf zu geben. Aus gestalterischen Gründen wurde die Mündungsstrecke in Bögen angelegt.
Gewässerdaten: Das Einzugsgebiet der Elz ist an der Mündung in den Neckar 156 km^2 groß. Der Abfluß bei 100-jährlichem Hochwasser beträgt 122 m^3/s, bei einjährlichem Hochwasser 38 m^3/s und bei Mittelwasser 2,1 m^3/s.

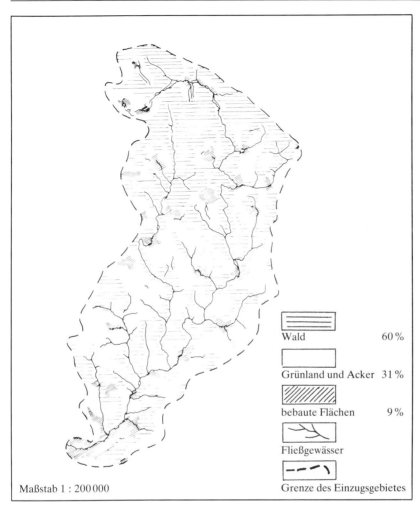

Abb. 13
Fließgewässer und Landnutzung im
Einzugsgebiet der Odenwälder Elz

Wald   60 %

Grünland und Acker   31 %

bebaute Flächen   9 %

Fließgewässer

Grenze des Einzugsgebietes

Maßstab 1 : 200 000

Einzugsgebiet: Das Einzugsgebiet der Elz besteht aus Hochflächen mit
weiten Mulden und Schwellen. Es wird zum überwiegenden Teil von
Formationen des Oberen Buntsandsteins, zum kleineren Teil im südöst-
lichen Bereich von Formationen des Muschelkalks eingenommen. Die
Böden sind lehmige, teils sandig-lehmige, teils tonige, zur Staunässe
neigende Verwitterungsböden. Stellenweise sind die Böden auch aus
Röttonen und Lößauflagen hervorgegangen. Die Talböden bestehen aus
Schwemmlehm, zum Teil mit Geröll. Die Täler im Muschelkalk sind tief
(bis 200 m) eingeschnitten und werden von steilen Hängen begleitet.
Die Täler im Buntsandstein sind weniger tief eingeschnitten. Der mittlere
jährliche Niederschlag beträgt etwa 840 mm. Ungefähr die Hälfte des
Einzugsgebietes ist von Wald mit mehr oder weniger hohem Fichtenanteil

Abb. 14
Mündungsstrecke der Odenwälder
Elz. Zustand im Jahr 1972, 16 Jahre
nach dem Bau

bedeckt. Die potentielle natürliche Vegetation ist im Buntsandstein-
gebiet vorwiegend der Hainsimsen-Buchenwald sowie stellenweise der
Perlgras- und Waldmeister-Buchenwald. Im Muschelkalkgebiet sind die
natürlichen Waldgesellschaften der Waldmeister-Buchenwald, der
Reiche Hainsimsen-Buchenwald, der Seggen-Buchenwald, der Wald-
labkraut-Traubeneichen-Hainbuchenwald und auf den süd- und süd-
westexponierten Hängen der Steinsamen-Eichenwald. Der bachbeglei-
tende Wald im Bereich der Besichtigungsstelle ist der Rötweiden-
Schwarzerlenwald.

Abb. 15
Mündungsstrecke der Odenwälder
Elz. Bäume und Sträucher auf der
Böschungsschulter im Herbst 1965,
etwa 10 Jahre nach der Pflanzung

Jahr der Bauausführung: 1955/56
Länge des Bauabschnittes: 530 m
Träger der Baumaßnahme: Gemeinde Neckarelz
Planung und Bauleitung: Wasserwirtschaftsamt Adelsheim. Landschaftliche Gestaltung F. Meszmer.
Kosten: Die Baukosten werden nach Preisen von 1979 auf etwa
1860 DM/m geschätzt.
Die Neubaustrecke ist als Doppeltrapezprofil nach herkömmlicher Art
angelegt. Das Längsgefälle beträgt $2\,^0/oo$. Die mit Kalksteinen auf Beton
gepflasterte, 0,5 m tiefe Mittelwasserrinne ist 5 m breit. Das Hauptbett
ist 11 m breit. Die Böschungen haben eine Neigung von 1 : 2 und sind
mit Rasen bedeckt. Die Anpflanzung von Gehölzen wurde nur auf der
Böschungsschulter geduldet. Das Prallufer einer scharfen Kurve, die sich
aus den Geländeverhältnisen ergab, wurde mit Weiden besteckt. Die
Weiden wurden alljährlich geschnitten und sind heute nahezu vollständig
verschwunden.

Exkursionsbeispiel 4

Lage des Gewässerabschnittes

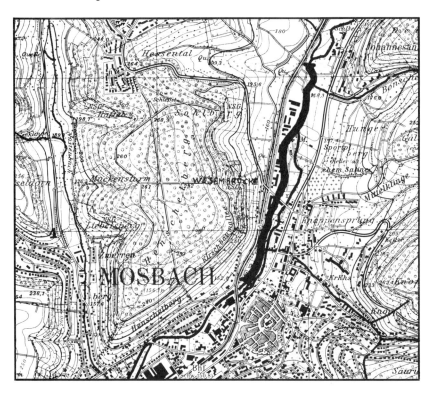

Topographische Karte 1 : 25 000
Blatt 6620 Mosbach

Gewässer: Odenwälder Elz (Gewässer erster Ordnung), Gemarkung und Gemeinde Mosbach, Neckar-Odenwaldkreis

Gewässergeschichte: Der offenbar durch erhöhte Niederschläge zwischen 1835 und 1855 veränderte Abfluß führte zu einer »Verwilderung« der Elz, so daß es erforderlich wurde, im Jahre 1858 eine »Rectification« des Gewässers oberhalb der Stadt Mosbach vorzunehmen. Man verminderte geringfügig die Krümmung der Mäanderschleifen und ließ den Fluß zwischen zwei gegensinnigen Schleifen im Lauf unverändert. Der Ausbau erfolgte in einem etwa 5 0/00 geneigten Trapezgerinne mit 25 Fuß (= 7,5 m) breiter Sohle und »dreifüßiger« Böschung. Der Böschungsfuß wurde durch einen Steinwurf mit Weidensteckhölzern gesichert. Die Sicherung scheint in der Folgezeit ihrer Aufgabe nicht ganz gerecht geworden zu sein. Hochwässer der Kälteperiode zwischen 1878 und 1896 verursachten neue Zerstörungen, die größere Ausbesserungen in den Jahren 1888 und 1892 nötig machten. Danach traten hier zunächst keine weiteren Zerstörungen mehr auf. Es entstand auf natürliche Weise ein Uferwald, der die künstlichen Sicherungsmaßnahmen verstärkte. Im

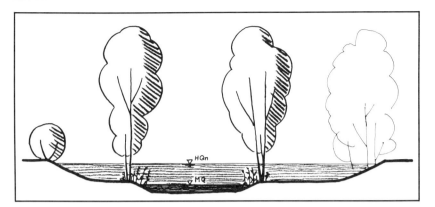

Abb. 16
Odenwälder Elz in Mosbach.
Saumwaldprofil in Gefällstrecken

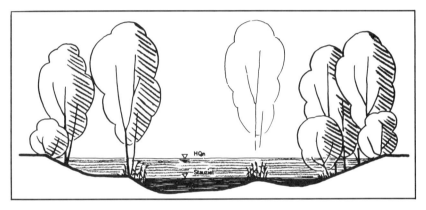

Abb. 17
Odenwälder Elz in Mosbach.
Saumwaldprofil in Staustrecken

Laufe der Zeit kam es zur Auflandung und damit zur Entstehung steiler
Ufer. Der Abflußquerschnitt wurde verringert. Größere Schäden entstanden durch das Hochwasser im Jahre 1946. Zu dieser Zeit war von
einer »dreifüßigen« Böschung nichts mehr zu sehen. An einigen Stellen
kam es zur Seitenerosion, wobei auch Erlen hinterspült wurden.

Gewässerdaten: Das Einzugsgebiet der Elz ist an der Wasembrücke
140,5 km^2 groß. Dcr Abfluß bei 100-jährlichem Hochwasser beträgt
120 m^3/s, bei einjährlichem Hochwasser 37 m^3/s in der Periode 1930 bis
1956 (in der Folgezeit geringer) und bei Mittelwasser 1,85 m^3/s.

Einzugsgebiet: siehe Exkursionsbeispiel 3

Jahr der Bauausführung: 1957/58

Länge des Bauabschnittes: 970 m

Träger der Maßnahme: Stadt Mosbach

Planung und Bauleitung: Wasserwirtschaftsamt Adelsheim (F. Meszmer)

Kosten: Die Baukosten werden nach Preisen von 1979 auf etwa
1520 DM/m geschätzt.

Durch den Ausbau sollten die bestehenden Schäden an der Elz beseitigt

Abb. 18
Odenwälder Elz in Mosbach. Beim
Hochwasser 1947 entstandener und
später vergrößerter Uferausbruch

Abb. 19
Odenwälder Elz in Mosbach. Im Ab-
flußprofil zu hoch sitzende Schwarzerlen mit durch Hochwasser, Eisgang
und Geschiebe abgetrennten Wurzeln

und die Talsohle hochwasserfrei gemacht werden. Offiziell sollten durch den Ausbau 5 ha Wiesenland geschützt werden. In Wirklichkeit ging es dem Bauträger um städtebauliche Gesichtspunkte (Hochwasserfreiheit). Bei der Planung der Baumaßnahme wurden ökologische Gesichtspunkte als wesentlich vorangestellt. Die vorhandenen Ufergehölze sollten außerdem auch aus technischen Gründen weitgehend erhalten bleiben, um die Funktion des Uferschutzes nach wir vor zu übernehmen. Diese Aufgabe wurde folgendermaßen gelöst. Das Gefälle wurde auf 2 $^0/00$ gemindert. Der Teil des Flußlaufs, der zwischen den Gehölzreihen lag, wurde als Mittelwasserbett beibehalten. Seitlich der Gehölzreihen wurde ein Hochwasserabflußraum ausgebaggert und an gefährdeten Stellen mit Drahtschottermatten gesichert. Dieser Hochwasserabflußraum bekam gegenüber dem Mittelwasserbett eine ein wenig gestreckte Achse. Seitliche alte Kolke wurden als Laichplätze belassen. Längs des Mittelwasserbettes wurden die vorhandenen Gehölzbestände ergänzt. Auf den Außenböschungen wurden Neupflanzungen angelegt (Abb. 16 – 29). Das Ausbauhochwasser von 80 m^3/s entspricht einer Abflußspende von 570 l/s km^2. Die Differenz zum 100-jährlichen Hochwasser sollte ein Rückhaltebecken im Elzmittellauf speichern, das sich später als nicht mehr erforderlich erwies.

Der beschriebene Ausbauquerschnitt wurde von F. Meszmer in der Fachliteratur unter der Bezeichnung »Saumwaldprofil« bekannt gemacht. Dabei ist der »Saumwald« ein oberhalb und längs der Sommer-Mittelwasserlinie stehender standortgerechter und den hydraulischen Belangen entsprechender Baum- und Strauchgürtel mit ufersichernder Funktion. Nach dem Ausbau siedelten sich auf den umschatteten Ufern Auwaldpflanzen an, die vor dem Ausbau auf den steilen Ufern keinen Lebensraum hatten. Genannt seien Gelbes Windröschen auch als Baustellenpionier, Schneeglöckchen (Galanthus nivalis), Gelbstern (Gagea lutea) und Hohler Lerchensporn (Corydalis cava), Buschwindröschen (Anemone nemorosa) und Sumpfstorchschnabel (Geranium palustre). Spontan bildeten sich ein Schwarzerlen-Eschen- und ein Grauerlen-Spülsaum (Abb. 30 – 34, 39 und 40). Neuerdings hat sich der Eisenhut (Aconitum napellus) eingestellt, dessen Samen aus dem Hainmieren-Schwarzerlenwald des Elzmittellaufs angeschwemmt wurde. Die altes Wehrgemäuer bewohnende Ringelnatter (Natrix natrix natrix) konnte nach dem Ausbau nicht mehr beobachtet werden. Der Eisvogel (Alcedo atthis) erschien jedoch wieder. Neuen Lebensraum fand die Wasseramsel. Auch die Gebirgsstelze (Motacilla cinerea) ist heimisch geworden. Der natürliche Fischbestand vor und nach dem Ausbau besteht aus folgenden Arten: Aal (Anguilla anguilla), Elritze (Phoxinus phoxinus), Rotauge (Rutilus rutilus), Hasel (Leuciscus leuciscus), Döbel (Leuciscus cephalus), Bartgrundel (Noemacheilus barbatulus), Koppe und vereinzelt noch Bachforelle.

Abb. 20
Odenwälder Elz in Mosbach vor dem Ausbau

Abb. 21 bis 24
Odenwälder Elz in Mosbach, von der
Wasembrücke aus gesehen: vor dem
Ausbau (1956), Baustelle (1957), bei
Bauende (1958) und 20 Jahre später
(1978)

Abb. 25
Odenwälder Elz in Mosbach. Seiten-
raum des Saumwaldprofiles

Abb. 26
Odenwälder Elz in Mosbach. Um die
Stämme der Schwarzerlen rankt
Hopfen

Abb. 27
Odenwälder Elz in Mosbach. In der
Staustrecke geht die Wasserfläche in
die Seitenräume des Saumwaldprofiles über. Dadurch wird die Biotopviel-
falt erhöht

Abb. 28
Odenwälder Elz in Mosbach. Vom
Mittelwasserbett abgesetzte kleine
Tümpel mit Röhrichtbewuchs sind
ökologisch wichtige Elemente des
Saumwaldprofils

Abb. 29
Odenwälder Elz in Mosbach.
Gewässerlandschaft im Jahr 1972,
14 Jahre nach dem Bau

Abb. 30
Odenwälder Elz in Mosbach. Grauerlenspülsaum von 1959, Zustand
im dritten Vegetationsjahr

Abb. 31
Odenwälder Elz in Mosbach.
Schwarzerlen-Eschen-Spülsaum von
1959, Zustand im Jahr 1972. Der
Gehölzbewuchs blieb sich selbst
überlassen

Abb. 32
Odenwälder Elz in Mosbach.
Schwarzerlen-Eschen-Spülsaum der
Abb. 31 im Jahr 1978

Abb. 33
Odenwälder Elz in Mosbach.
14 Jahre alter Erlenspülsaum (A)
und Schwarzerlen-Eschen-Spülsaum
(B). Die Symbole für die Baum-
kronen haben zehnfachen Stamm-
durchmesser (in 1 m Höhe gemessen). Im Erlenspülsaum liegt der
Abstand der Stämme zwischen 0,3 m
und 1,25 m. Der mittlere Abstand
beträgt 0,75 m. Im Schwarzerlen-
Eschen-Spülsaum beträgt der
Abstand der Stämme voneinander
maximal 2,4 m, im Mittel 1,04 m

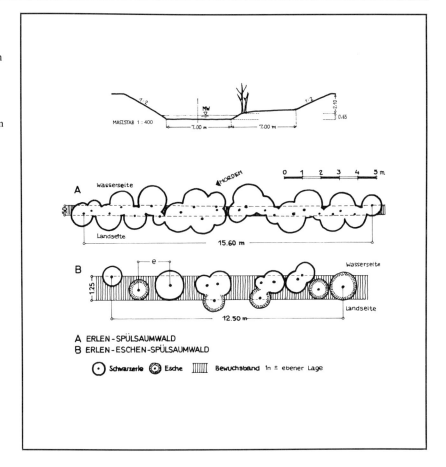

Literatur

MESZMER, F.: Das Beispiel eines natürlichen Bachausbaues. In Ver-
öffentlichungen der Landesstelle für Naturschutz und Landschaftspflege
Baden-Württemberg Heft 27/28, Ludwigsburg 1960.
MESZMER, F.: Zum Problem des natur- und landschaftsnahen Gewäs-
serausbaues. Natur und Land 48. Jg. (1962).
MESZMER, F.: Der Ufersaumwald, ein Wasserbauelement. Natur und
Landschaft 44. Jg. (1969).
MESZMER, F.: Das Saumwaldprofil. Wasser und Boden 20. Jg. (1970).
MESZMER, F.: Naturnaher Bau von Fließgewässern. In Ingenieurbiolo-
gische Maßnahmen bei Rekultivierungsverfahren. BDLA 20. München
1977.

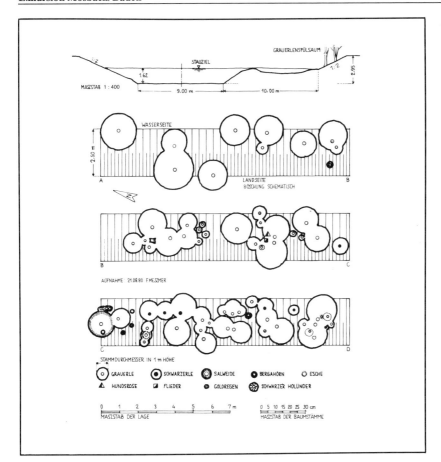

Abb. 34
Odenwälder Elz in Mosbach.
21 Jahre alter Grauerlenspülsaum

Exkursionsbeispiel 5

Gewässer/ Odenwälder Elz (Gewässer erster Ordnung), Gemarkung Neckarburken, Gemeinde Elztal, Neckar-Odenwaldkreis.
Gewässerdaten: Das Einzugsgebiet der Elz beim Bahnhof Neckarburken ist etwa 120 km^2 groß. Der Abfluß bei 100-jährlichem Hochwasser beträgt 105 m^3/s, bei einjährlichem Hochwasser für den Zeitraum von 1930 bis 1956 31 m^3/s und bei Mittelwasser 1,6 m^3/s.

Lage des Gewässerabschnittes

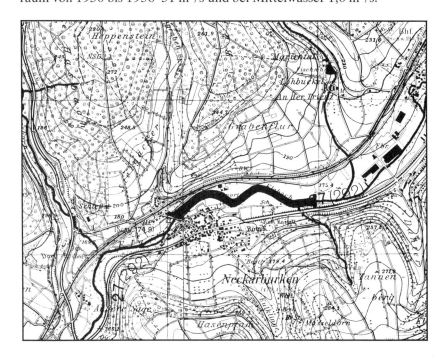

Topographische Karten 1 : 25 000
Blätter 6620 Mosbach und
6621 Billigheim

Einzugsgebiet: siehe Exkursionsbeispiel 2
Gewässergeschichte: Anläßlich des Baus der Bahnstrecke Heidelberg-Würzburg in der Zeit zwischen 1863 und 1865 wurde die Elz, die im Rötgestein des Oberen Buntsandsteins einen Prallhang gebildet hatte, talseitig verlegt. Um jedes Risiko eines Uferangriffs bei Hochwasser auszuschließen, wurde ein mit Pflastersteinen gesichertes Gerinne mit etwa 5,5 % Längsgefälle angelegt. Das Pflaster wurde auf Kies verlegt und mit Sand ausgefugt. Es ist noch heute unbeschädigt. Auf ihm haben sich ein Schwarzerlensaum und Brombeeren eingestellt. Das Pflaster tritt nur noch im Winter in Erscheinung. Ein Teil des Wurzelwerkes der Schwarzerlen ist durch die Pflasterfugen gedrungen, der wesentliche Teil des Wurzelwerkes überzieht die Pflasteroberfläche und verankert sich sowohl oberhalb als auch unterhalb der Pflasterfläche im an-

schließenden Erdreich. Bisher hat kein Hochwasser, auch nicht das größte bekannte mit einem Abfluß von etwa 100 m³/s, den Gehölzsaum geschädigt. Auch traten keine nachteiligen Auswirkungen des Erlensaumes auf das Böschungspflaster auf.

Abb. 35
Verlauf eines Abschnittes der Odenwälder Elz im Jahr 1866 in der Gemarkung Neckarburken oberhalb der Mitte des vorigen Jahrhunderts gebauten Bahndammes. Der Lauf der Elz stimmt im Wesentlichen mit dem Verlauf im Jahr 1835 überein. Die gestrichelten Linien stellen den heutigen Flußlauf dar

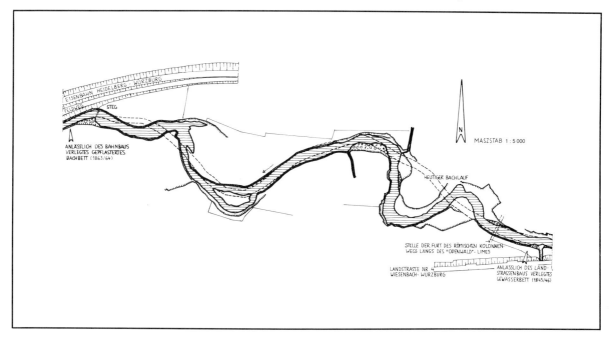

Fotos:
F. Meszmer: Abb. 2, 11, 12, 14, 15, 18 – 32
W. Pflug: Abb. 4 – 6 und 9
E. Stähr: Abb. 3 und 10

Zeichnungen:
F. Meszmer: Abb. 8, 16, 17, 33 – 35
R. Johannsen: Abb. 1, 7 und 13

Literatur zum Thema Uferschutzwald an Fließgewässern (Auswahl)

BAUER, L., HIEKEL, W. und NIEMANN, E.: Ausbauzustand und Ufergehölze der Fließgewässer im Thüringer Wald. Ein Beitrag zur Landschaftspflege an Gewässern. Wiss. Z. Martin-Luther-Universität Halle-Wittenberg. Sonderheft 1964.

BEGEMANN, W.: Umweltschutz durch Gewässerpflege. Ingenieurbiologische Gewässerunterhaltung gemäß § 28 des Wasserhaushaltsgesetzes. Stuttgart 1971.

BEGEMANN, W.: Gewässerpflege als waldbauliches Planungsproblem. Der Deutsche Forstmann. H. 8. 1976.

BEGEMANN, W.: Waldbau im Gewässerschutzwald. Allgemeine Forstzeitschrift. H. 12. 1976.

FELKEL, K.: Gemessene Abflüsse in Gerinnen mit Weidenbewuchs. Mitteilungsblatt der Bundesanstalt für Wasserbau. Karlsruhe 1960.

KIRWALD, E.: Die Biotechnik im Dienste der Waldwirtschaft und Landeskultur. Sudetendeutsche Forst- und Jagdzeitung. 1936.

KIRWALD, E.: Grundzüge der forstlichen Wasserhaushaltstechnik (einschl. Wildbachverbauung). Neudamm 1944.

KIRWALD, E.: Forstlicher Wasserhaushalt und Forstschutz gegen Wasserschäden. Stuttgart/Ludwigsburg 1950.

KIRWALD, E.: Lebendbau und Gewässerpflege. Hannover 1951.

KIRWALD, E.: Waldwirtschaft an Gewässern. Neuwied/Rhein 1955.

KIRWALD, E.: Naturnaher Ausbau von Wasserläufen in den Mittelgebirgen. Landwirtschaft – Angewandte Wissenschaft. Nr. 79. Hiltrup 1957.

KIRWALD, E.: Die Einbindung von Wasserläufen in die Landschaft und ihre Sicherung mit naturnahen Mitteln. Min. für Ernährung, Landwirtschaft und Forsten des Landes Nordrhein-Westfalen. Düsseldorf 1959.

KIRWALD, E.: Gewässerpflege. München 1964.

KLAUSING, O.: Vegetationsbau an Gewässern. Hess. Landesanstalt für Umwelt. Wiesbaden 1973.

KRAUSE, A.: Aufgaben des Gehölzbewuchses an kleinen Wasserläufen. In: Olschowy, G. (Hrsg.): Natur- und Umweltschutz in der Bundesrepublik Deutschland. Hamburg und Berlin 1978.

Landesamt für Wasser und Abfall Nordrhein-Westfalen: – Fließgewässer – Richtlinie für naturnahen Ausbau und Unterhaltung. Düsseldorf 1980.

LOHMEYER, W. und KRAUSE, A.: Über den Gehölzbewuchs an kleinen Fließgewässern Nordwestdeutschlands und seine Bedeutung für den Uferschutz. Natur und Landschaft. H. 12. 1974.

LOHMEYER, W. und KRAUSE, A.: Über die Auswirkungen des

Gehölzbewuchses an kleinen Wasserläufen des Münsterlandes auf die Vegetation im Wasser und an den Böschungen im Hinblick auf die Unterhaltung der Gewässer. Schriftenreihe für Vegetationskunde. H. 9. Bonn-Bad Godesberg 1975.

LUCHTERHAND, J.: Grünverbau. Wiesbaden/Berlin 1966.

MESZMER, F.: Das Beispiel eines natürlichen Bachausbaues. Veröffentlichungen der Landesstelle für Naturschutz und Landschaftspflege Baden-Württemberg. H. 27 bis 28. Ludwigsburg 1959/60.

MESZMER, F.: Zur Frage eines naturnahen und zeitgemäßen Gewässerbaues. Wasser und Boden. H. 3. 1962.

MESZMER, F.: Der Ufersaumwald, ein Wasserbau-Element. Natur und Landschaft. H. 6. 1969.

MESZMER, F.: Das Saumwaldprofil. Wasser und Boden. H. 2. 1970.

NIEMANN, E.: Ufervegetation und Gewässerpflege. Wasserwirtschaft – Wassertechnik. 1970.

NIEMANN, E.: Zieltypen und Behandlungsformen der Ufervegetation von Fließgewässern im Mittelgebirgs- und Hügellandraum der DDR. Wasserwirtschaft – Wassertechnik 1971.

NIEMANN, E.: Gehölze an Fließgewässern. Landschaftspflege und Naturschutz in Thüringen. 1. 1974.

NIEMANN, E.: Landschaftspflege an Gewässern auf ökologischer Grundlage. H. 5 und 7. 1974.

OBENDORF, K.: Abflußverhalten offener Gerinne unter besonderer Berücksichtigung lebender Bauelemente. Diss. Aachen 1978.

PFLUG, W.: Wege und Ziele der Erziehung verschiedenartiger Schutzpflanzungen. Landwirtschaft – Angewandte Wissenschaft. Nr. 53. Hiltrup 1956.

PFLUG, W., Erziehung und Pflege von Pflanzungen in der Flur. Allgemeine Forstzeitschrift. H. 41. 1959.

PFLUG, W.: Landschaftspflege, Schutzpflanzungen, Flurholzanbau. Neuwied/Rhein 1959.

PFLUG, W., RUWENSTROTH, G., STÄHR, E., LIMPERT, K., REGENSTEIN, G. und SCHOTT, K.: Wasserbauliche Modelluntersuchung Ems bei Rietberg auf landschaftsökologischer Grundlage. Münster 1980.

PRÜCKNER, R.: Die Technik der lebenden Verbauung und das Weidenproblem im Flußbau und in der Wildbachverbauung. Wien 1948.

PRÜCKNER, R.: Die Technik der Lebendverbauung. Wien 1965.

SCHWABE, G. H.: Das Binnengewässer als Glied der Landschaft. Natur und Landschaft. H. 7. 1968.

WANDEL, G.: Über den Nutzen und Schaden des Uferbewuchses an fließenden Gewässern. Arbeiten des Landesamtes für Gewässerkunde Nordrhein-Westfalen. Düsseldorf o. J.

Zusammenfassung:
Am Beispiel des Hiffelbaches werden Begriffe wie »natürlich« und »naturnah« diskutiert. Es wird die Frage behandelt, ob und inwieweit der betrachtete Gewässerabschnitt des Hiffelbaches in den vergangenen 140 Jahren Veränderungen erfahren hat. Ferner wird die Zweckmäßigkeit des Begriffes »Ufersaumwald« und die Möglichkeit, mittelwaldartige Ufergehölzsäume zu schaffen und zu erhalten, erörtert.

Summary:
Using the Hiffelbach as an example, terms such as "natural" and "naturalistic" are discussed. The question of whether, and, if so, to what extent, the section chosen for the example has undergone any changes during the past 140 years is gone into, as also the suitability of the term "Bank and Shoreline Protection Forest" and the opportunities for creating and maintaining bank and shoreline thickets of secondary growth.

W. Volgmann

Anmerkungen zur Tagung »Uferschutzwald an Fließgewässern erster und zweiter Ordnung« in Mosbach/Baden im September 1980

Comments on the Conference "Bank and Shoreline Protection Forestry along running waters of the First and Second Order" held in September 1980 in Mosbach, Baden.

Zum Exkursionsbeispiel 1

Es wurde festgestellt:
1. Bachverlauf und Ufervegetation sind als natürlich (MESZMER) bzw. als naturnah (PFLUG) zu bezeichnen;
2. Bachlauf und Ufervegetation erfuhren in den vergangenen 140 Jahren keine nennenswerten Änderungen – Pflegekosten fallen nicht an.

Zu 1. In einer weitgehend veränderten und bodenwirtschaftlich so intensiv genutzten Landschaft, wie im Beispiel, ist ein natürlicher Bachlauf nicht denkbar. Man sollte sich deshalb mit der Bezeichnung »naturnah« begnügen.

Zu 2. Mit den unter 1. genannten und durch Landeskulturmaßnahmen erfolgten Eingriffen in das Naturgeschehen werden zur Erhaltung der geschaffenen Kulturlandschaften i. d. R. auch Pflegemaßnahmen an den Fließgewässern erforderlich. Das Beispiel bildet keine Ausnahme. Die Anrainer, für die die Bachmitte oft zugleich Flurstücksgrenze ist, waren über Jahrhunderte an der Brennholzgewinnung und stets auch an der

Ufer-(= Flurstücks-)Sicherung interessiert. Mit der niederwaldartigen Bewirtschaftung der bachbegleitenden Gehölze – d. h. mit der laufenden Entnahme des benötigten Brennholzes – wurden die Gehölze zugleich in dem für die Ufersicherung funktionsgerechten Pflegezustand gehalten. Die Anerkennung dieser auch im Interesse des Naturschutzes liegenden Pflegearbeit durch die Landwirtschaft schmälert die Vorzüge des biologischen Uferschutzes gegenüber technischen Ufersicherungsmaßnahmen nicht. Leider wurde jedoch im Beispiel, wie an vielen anderen Orten auch, mangels Bedarf an Brennholz die Pflege in den letzten 2 bis 3 Jahrzehnten offensichtlich vernachlässigt. Der »Niederwald« ist daher überaltert. Die Bezeichnung »mittelwaldartiger Bestandesaufbau« in diesem Zusammenhang ist nicht korrekt. Die Folge mangelnder Pflege ist, daß der ehemals geschlossene Wurzelfilz und dichte Besatz junger Triebe eines regelmäßig genutzten (in kurzen Zeitabständen auf den Stock gesetzten) Ufergehölzes partiell mehr und mehr gelockert wird und sich Hochstauden um lichtgestellte »Stockausschlag-(= Niederald-)Stämme« ansiedeln. Das aber sind die gefährdeten Stellen, an denen Auskolkungen einsetzen, die den »biologischen« gegenüber »technischen« Uferbau schon so oft in Mißkredit brachten. Im vorliegenden Fall mag für die Standsicherheit der Ufer noch keine akute Gefahr bestehen. Vor kritikloser Übertragung des Beispiels ist jedoch dringend zu warnen. Bei standörtlich nur geringfügig anderen Verhältnissen wäre die Uferzerstörung bei gleicher Ufervegetation bereits in vollem Gange.

Zum Terminus »Ufersaumwald«
Der Ausdruck Ufersaumwald (MESZMER) stößt fachlich, wegen der i. d. R. für einen Wald fehlenden Tiefe der Ufergehölzstreifen, mit Recht auf Kritik. Vielleicht ist das Problem mit der Einführung der Bezeichnung »Ufersaumgehölz« bzw. »Ufergehölzsaum« zu lösen?

Zum mittelwaldartigen Aufbau von Uferschutzgehölzstreifen
Die Empfehlung, Uferschutzgehölzstreifen mittelwaldartig aufzubauen (KIRWALD), verbindet das zweifach Nützliche, den Uferschutz und die Holzproduktion mit Forderungen im Interesse der Landschaftsökologie und Landschaftsästhetik in idealer Weise. Es ist jedoch anzumerken, daß die für eine Stammholzproduktion im Mittelwaldbetrieb benötigten Streifen entlang der Fließgewässer Breiten erfordern, die außerhalb des Waldes für diesen Zweck nur selten zur Verfügung stehen dürften. Außerdem stellt die Bewirtschaftung eines dem Uferschutz und der Holzproduktion gleichermaßen dienenden Mittelwaldes höhere Anforderungen an das fachliche Können der Grundbesitzer, als in der Regel vorausgesetzt werden darf.

Zusammenfassung:
Es wird auf die Frage eingegangen, inwieweit das im Exkursionsbeispiel 5 gezeigte Fließgewässer (Odenwälder Elz) mit seinem Uferbewuchs aus Roterlen und Eschen nach seiner Verlegung im vergangenen Jahrhundert sich ohne nennenswerte Einwirkungen durch den Menschen entwickeln konnte. Der Verfasser kommt an mehreren Merkmalen (u. a. günstige Möglichkeiten für das Ausufern von Hochwässern, Auswirkungen der Querwerke, Entstehung von nur einer Baumreihe an beiden Ufern, Nutzung des benachbarten Geländes als Grünland) zu dem Ergebnis, daß Eingriffe des Menschen immer wieder erfolgt sein müssen.

Eduard Kirwald

Anmerkungen zum Exkursionsbeispiel 5 der Tagung »Uferschutzwald an Fließgewässern« in Mosbach/Baden

Remarks on Excursion 5 of the Conference "Bank and Shoreline Protection Forestry along Flowing Waters" in Mosbach, Baden

Summary:
Considerations include discussion on how far the flowing waters of Example 5 – the Odenwald Elz – with its bordering Red Alders and Ash, have been able to develop almost without influence exercised on it by human beings after its re-location during the past century. Through discussion of several of its characteristics (including the potentiality for bank erosion by flooding; results of barrier dams; origins of having a single line of trees along each riverbank; and the use of adjacent land as meadows), the writer comes to the conclusion that manipulation by Man will always have further consequences.

Zum Exkursionsbeispiel 5 möchte ich folgende Bemerkungen machen:
- Die begangene Flußstrecke ist eine Kunstlandschaft, umgeformt, bzw. eine »Konstruktion« (Bahn, Straße, Flußbett mit niedrigen Böschungen, leicht überflutbaren Vorland, Pflasterungen und Querwerken)
- Hochwässer können ausufern, dadurch büßen sie viel an Gefährlichkeit ein. Das Gerinne erfährt eine entscheidende Entlastung von Schurfkräften
- Wesentliche Auswirkungen auf alle Vorgänge haben die Querwerke. Sie verringern das Gefälle und die Fließgeschwindigkeit, brechen die kinetische Energie in ihren Vorfeldern (Tosbecken) und konsolidieren den Flußablauf in beiden Richtungen in weiten Strecken. Sie wirken zusammen mit dem Pflaster gegen Tiefen- und Seitenschurf sowie gegen Buchtenbildung und Unterwühlungen des Bewuchses. Die Wurzeln verankern sich in Spalten
- Es hieß: »Es ist hier nichts gemacht worden«. Wohl ein Wunschtraum, denn Bäume samen sich weder in so schöner Anordnung in Reihen noch nur in 2 Arten an (Erle und Esche), die dann so hochwachsen. Das anliegende Grünland würde in Jahrzehnten längst von Busch, Baum und Kraut (Wald) erobert werden, wenn der Mensch nicht entlang der Ufer eingreifen würde (also »Pflege«!)
- Es müssen auch andere Arten angeflogen oder angeschwemmt worden sein

– Eine Allee hat ja als solche keine so günstigen landschaftlichen Wirkungen, wie wir sie vom Wald erwarten und fordern. Allein die »Düsen« schaden genug. Die Gewässer sind in rechter Einbindung dazu berufen, diese Einflüsse auszuüben!

– Ohne die bautechnischen Hilfen wären die erwünschten Wirkungen der Vegetation kaum zu erhalten (auch die kahlen Bäume wären gefährdet!)

– Es ist höchste Zeit, für die Zukunft der Vegetation vorzusorgen! (Nachhaltigkeit, Verjüngung, Beständigkeit der Wirkungen usw.). Gliederung der Bestockung, d.h., daß auch Sträuchern die gebührende Rolle eingeräumt werden soll (Lebensstätten!)

– Zu beachten wäre z.B., daß die Esche in der Jugend Schatten – allerdings den der eigenen Art – erträgt, sonst wird sie ganz verschwinden (Waldbau an Gewässern!).

Weitere Beiträge zum Thema »Uferschutzwald an Fließgewässern«

Lehrstuhl für Landschaftsökologie und Landschaftsgestaltung der Technischen Hochschule Aachen

Naturnaher Ausbau der Prims bei Schmelz im kombinierten Lebendverbau nach § 31 WHG

Naturalistic Extension of the Prims near Schmelz, using combined forms of live timbering according to Para. 31 WHG

Zusammenfassung:
Der auf einer Exkursion des Lehrstuhls für Landschaftsökologie und Landschaftsgestaltung der Technischen Hochschule Aachen im Jahr 1981 besichtigte, naturnah ausgebaute Abschnitt der Prims bei Schmelz im Saarland wird beschrieben. Unter anderem wird auf folgende Bereiche eingegangen: Gewässerdaten, Gestein und Boden, Klima, Nutzung der Talaue, Röhricht und Ufergehölze vor dem Ausbau, Uferzustand vor dem Ausbau, Träger der Baumaßnahme, Grundsätze der Ausbauplanung und Ausbauzeitraum.

Der Lehrstuhl für Landschaftsökologie und Landschaftsgestaltung führte in der Zeit vom 9. bis 12. 6. 1981 eine Exkursion für Studenten der Studienrichtung Bauingenieurwesen der Technischen Hochschule Aachen durch, die unter dem Thema »Naturschutz und Landschaftspflege im Straßen- und Wasserbau« stand. Zu den besichtigten Beispielen gehörte auch ein naturnah ausgebauter Abschnitt der Prims bei Schmelz im Saarland. Die im Exkursionsführer enthaltene Beschreibung dieses Beispiels wird nachstehend ungekürzt wiedergegeben.

Gewässer: Prims (Gewässer 1. Ordnung) bei Schmelz, Saarland, zwischen Campingplatz und der B 268.

Gewässerdaten: Das Niederschlagsgebiet der Prims bei Schmelz ist 467 km^2 groß und NW–SO orientiert. Die Wasserscheide im Hochwald liegt über 600 m hoch. Die Prims hat wildbachähnliche Eigenschaften, d.h. sie schwillt bei Niederschlägen schnell an und führt viel grobes Geschiebe von 100 – 300 m Korngröße. Im Bauabschnitt beträgt die mittlere Sohlbreite 12 m, das mittlere Sohlgefälle 4 $^0/_{00}$. Das HQ$_{50}$ wird mit 168 m^3/s angegeben und wurde bei dem Hochwasser im Januar 1970 etwa erreicht. Das MQ beträgt 6,5 m^3/s. Die Wasserqualität ist sehr schlecht (Gütestufe III, stark verschmutzt), was vor allen Dingen auf ein Spanplattenwerk und eine Verzinkerei zurückzuführen ist.

Summary:
This is a description of the naturalistically extended section of the Prims near Schmelz in the Saarland, visited during an excursion organised in 1981 by the Faculty for Landscape Ecology and Landscape Design of the Technischen Hochschule, Aachen. The description includes special consideration of water flow statistics; geology; climate; use of valley meadows; reeds and shoreline thickets and the condition of banks before improvements were undertaken; responsibility for, principles behind, and timetable of the construction measures.

Gestein und Boden: Im Einzugsgebiet kommen hauptsächlich Rotliegendes (Sandstein) sowie Melaphyr und Andesit vor. Die Gewässersohle wird im Bauabschnitt an mehreren Stellen aus Felsbänken gebildet, die bei niedrigen Wasserständen natürliche Sohlgleiten darstellen. In den übrigen Bereichen besteht die Flußsohle aus grobem Geschiebe. Die Böschungen bestehen aus anlehmigen bis stark lehmigen Sanden mit großem Porenvolumen. Nährstoffe sind im Boden ausreichend vorhanden. Bedenklich ist der hohe Zinkgehalt (bis zu 1800 ppm).

Klima: Das Klima ist im Raum Schmelz (im Bereich des Ausbaus 220 m ü. NN) relativ mild: mittlere Lufttemperatur im Juli 17,5 °C; mittlere Niederschlagssumme 830 mm pro Jahr; mittlerer Beginn der Apfelblüte 30. April.

Nutzung der Talaue: Im Bereich der Ausbaustrecke wird die Talaue von Flächen für Siedlung (Wohnen und Gewerbe), Verkehr sowie von Grünland und einem Campingplatz eingenommen.

Röhricht und Ufergehölze vor dem Ausbau: Die Ufer waren vor dem Ausbau zu ³/₄ mit einem artenreichen, aber überalterten Gehölzbestand bestockt. Der Bestand setzte sich aus folgenden Arten zusammen:

Bäume: vorherrschend Schwarzerle, Bruchweide, Rötweide, daneben Esche, Bergahorn, Spitzahorn, Bergulme, Espe, Stieleiche, Traubeneiche.

Sträucher: Korbweide, Purpurweide, Grauweide, Salweide, Gemeiner Schneeball, Faulbaum, Hasel, Schlehe, Heckenrose, Brombeere, Himbeere.

Röhrichtpflanzen: Schilf, Rohrglanzgras, Gelbe Schwertlilie.

Uferzustand vor dem Ausbau: Uferanbrüche, Kolke, Abflußhindernisse durch überalterte Vegetation und Treibholz.

Ziele des Ausbaus:
– Sanierung von Uferschäden und Sicherung der Ufer bei Erhaltung des alten Uferverlaufs
– Verringerung der Verklausungsgefahr für den Unterlauf durch Fällen überalterter Bäume am Ufer
– Erhaltung und Verbesserung der Schutzfunktion vorhandener Gehölzbestände durch Pflegemaßnahmen
– Abflußverbesserung im Ortskern von Schmelz

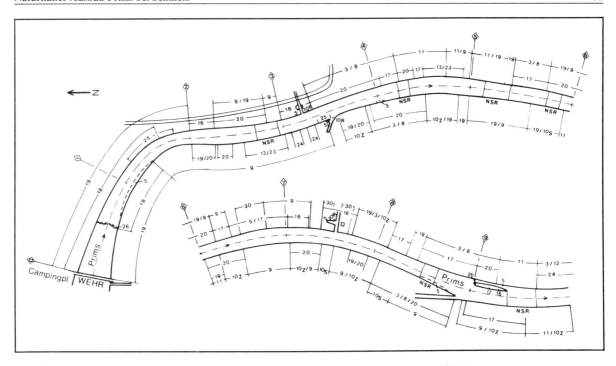

Legende

◇	Station (der Abstand von Station zu Station beträgt 100 m)	11 Gesicherte Pflanzungen
1	Auslichten des Ufergehölzes	12 Weidenkämme
2	Roden	13 Buschbautraverse
3	Ufer abkanten	14 Rauhbaumtraverse
4	Bodenaushub und Abtransport	15 Lebende Palisaden
5	Erdmassen umsetzen	16 Lebender Steinsatz
6	Ufer vorbauen	17 Steinschüttung
7	Formstein verlegen	18 Wiederherstellung der Steinberollung
8	Weidenspreitlage	19 Weidenbesteck
9	Pflanzungen	20 Rauhbäume
10	Sonderbepflanzung	21 Röhrichtwalze
	S = Sträucher	22 Besteckwalze
	Z = Zwischenbebauung	23 Rauhwalze
	R = Röhrichtpflanzung	24 Senkbäume

25 Drahtschotterwalze
26 Querriegel
27 Sohlrampe
28 Drahtschotterbehälter
29 Sichelberme
30 Holzkrainerwand
31 Betonkrainerwand
32 Chemische Bekämpfung
33 Mäharbeiten
34 Lanzendüngung
35 Pflaster abbrechen
36 Ansaat
NSR natürliche Sohlrampe

Abb. 1
Prims bei Schmelz, Planung des Ausbaus im kombinierten Lebendverbau, Zustand nach Fertigstellung.
Landesamt für Umwelt, Naturschutz u. Wasserwirtschaft Saarbrücken, Büro für Ingenieurbiologie Dipl.-Ing. Rolf Johannsen
Lageplan – Station 0+00 – 10+00
Datum 9. 3. 80 –
Bearbeitet R. Johannsen

– modellhafte praktische Erprobung von ingenieurbiologischen Bauweisen zur Ufersicherung für das Saarland.

Träger der Baumaßnahme: Saarland, Landesamt für Umweltschutz, Naturschutz und Wasserwirtschaft, Saarbrücken.

Planung: W. Begemann, Lennestadt. Die Leitideen bei der Planung und Ausführung waren:

Abb. 2
Prims bei Schmelz. Dichter, überhängender, etwa gleichaltriger, teilweise überalterter Gehölzbestand vor dem Ausbau

— abgestufte Dimensionierung der Uferdeckwerke (Sanierung von leichten Anbrüchen durch reine Lebendbauweisen, massive Verbauung von starken Anbrüchen im kombinierten Lebendbau)
— sinnvolle Eingliederung vorhandener Schutzwaldbestände
— pflegliche Behandlung vorhandener Gehölzbestände, Schonung von Jungwuchs bei Gehölzarbeiten
— sofortige Sicherung der planierten Böschungsflächen
— flexible Organisation zur Ausnutzung günstiger Bedingungen.

Geplant und ausgeführt wurden folgende Arbeiten:
— Gehölzarbeiten: Roden einzelner Abflußhindernisse, Fällen einzelner überalterter Bäume, Durchforsten zusammenhängender Gehölzbestände, Auf-den-Stock-setzen, Vereinzeln von Stockausschlägen
— Sicherungsarbeiten unterhalb der MW-Linie: Steinsatz, Steinschüttung, Drahtschotterwalzen, Rauhbäume, Senkbäume, Querriegel, Abweiser
— Lebendbauarbeiten: Weidenspreitlage, Weidenkämme, gesicherte Pflanzung, Holzkrainerwand, Gehölzpflanzung, Zwischenpflanzung von Gehölzen
— Kombinierter Lebendbau: Rauhpackung, Buschbautraversen, lebender Steinsatz

Abb. 3
Prims bei Schmelz. Unterspültes Ufer
an einer Wiese vor dem Ausbau

– Begrünungsarbeiten: Röhrichtpflanzung in Stillwasserzonen, Rasenansaat und Gehölzpflanzung auf den Vorländern.

Bauleitung: Landesamt für Umweltschutz, Naturschutz und Wasserwirtschaft, Saarbrücken, und Büro für Ingenieurbiologie, Dipl.-Ing. R. Johannsen, Aachen.

Ausführendes Unternehmen: Sachtleben Bergbau GmbH, Abt. Ingenieurbiologie, Lennestadt.

Ausführungszeitraum: Januar bis Mai 1980.

Länge der Ausbaustrecke: 1,6 km.

Kosten: Rund 300 000,– DM (rund 180,– DM/m Flußlauf). Die Kosten für einen Ausbau in herkömmlicher Art wurden auf 450 000,– DM geschätzt.

Abb. 4
Prims bei Schmelz. Gleiche Stelle
wie Abb. 6 direkt nach dem Ausbau
im März 1980. Sicherung der profi-
lierten Böschung durch eine Weidenspreitlage mit Senkbaumvorlage

Abb. 5
Prims bei Schmelz. Böschungsfußsicherung und Kolkverbauung eines
gehölzbestandenen Prallufers durch
Rauhwalze und Buschbautraverse

Abb. 6
Prims bei Schmelz. Uferanbruch,
verursacht durch einen umgestürzten
Baum am gegenüberliegenden Ufer,
vor dem Ausbau

Abb. 7
Prims bei Schmelz. Sanierung des in
Abb. 9 dargestellten Uferanbruchs.
Verbreiterung des Uferstreifens für
einen Fußweg. Sicherung des Ufers
durch Steinwurf mit Asteinlage aus
Ästen gefällter Bruchweiden. Dar-
über Holzkrainerwand

Abb. 8
Prims bei Schmelz. Uferanbruch
direkt unterhalb eines Hochspan-
nungsmastes vor dem Ausbau

Abb. 9
Prims bei Schmelz. Verbauung des
in Abb. 11 dargestellten Uferan-
bruchs. Auflager aus schwerem
Steinsatz bis zur MW-Linie, darüber
Holzkrainerwand mit zwei Kammern,
Neigung 1 : 1, besteckt mit Korb-
weiden

Abb. 10
Prims bei Schmelz. Detail aus der in
Abb. 12 dargestellten Holzkrainer-
wand

Fotos:
R. Johannsen

Zusammenfassung:
Bei der Anlage und Behandlung eines Gewässerwaldes kann zwar grundsätzlich von waldbaulichen Vorstellungen ausgegangen werden, doch sind die an ihn zu stellenden Anforderungen andere als sonst im Waldbau üblich. So unterscheidet sich der Standort wesentlich von anderen Waldstandorten. Der Gewässerwald unterliegt auch unterschiedlichen Einwirkungen der Natur, je nach dem, ob er sich im Oberlauf, im Mittellauf oder im Unterlauf eines Gewässers befindet. Bei der Artenwahl, der Verjüngung, dem Aufbau und der Umwandlung müssen vor allem die Belange des Hochwasserabflusses, der Ufersicherung und der Gewässerökologie beachtet werden. Um die dem jeweiligen Gewässer angemessenen und dauerhaften Bestandsformen zu erreichen, solten Zieltypen festgelegt werden, nach denen sich Aufbau, Wirkungsweise und Nutzung der Gewässerwälder richten können.

Summary:
The lay-out and care of lacustrine and riparian forests can, indeed, follow basic principles of silviculture but they also present very special problems. Their location is very different from that of most chosen for silviculture and they are exposed to various influences of Nature, depending in part on whether they are in the higher, middle or lower reaches of the waters.
In the choice of species, their culling and pruning, their composition and their conversion, account must be taken above all of floodwater discharge, bank stabilisation and water ecology factors. In order to obtain a permanent stock of timber best suited to the conditions around the existing waters concerned, it is necessary to select species to which the establishment, effect and use of lacustrine and riparian forest can be adapted.

Wolf Begemann

Der Gewässerwald

Lacustrine and Riparian Forestry

Bei der Gewässerbewirtschaftung spielt der Gewässerwald eine bedeutende Rolle. Die Vorstellung, man könne bei der Behandlung des Gewässerwaldes von waldbaulichen Vorstellungen ausgehen, ist sicherlich richtig. Die Anforderungen an ihn sind jedoch völlig andere. Der Standort unterscheidet sich wesentlich von anderen Waldstandorten. Auch der derzeitige Zustand der meisten Gewässerwälder fordert eine differenzierte Art der Umwandlung.

1.   Leistung des Gewässerwaldes
1.1   Mechanische Wirkung
1.1.1 Wurzelwerk
1.1.2 Rutenreichtum
1.2   Ökologische Wirkungen
1.2.1 Artenreichtum
1.2.2 Ungleichaltrigkeit
1.2.3 Stufigkeit
2.   Anforderungen an den Gewässerwald
2.1   Überstaubarkeit
2.2   Schnellwüchsigkeit
2.3   Unterirdische Triebmasse
2.4   Einschränkungen in der Artenwahl
2.5   Heutige potentielle natürliche Vegetation
2.6   Ökonomische Anforderungen
2.6.1 Schichtholzerzeugung
2.6.2 Wertholzerzeugung
3.   Bestandsaufnahme
3.1   Anteil der Arten am Gesamtbestand
3.2   Alter
3.3   Gesundheitszustand
3.4   Bestandsform
3.5   Blattfläche
3.6   Kronenform
3.7   Wurzelzustand
3.8   Entstehung
3.9   Wirtschaftsformen
3.10   Bodenart
3.11   Bodentyp

1. Leistung des Gewässerwaldes

Baumarten und Bestandsaufbau des Gewässerwaldes hängen zunächst einmal davon ab, ob er sich im Bereich des Oberlaufes, Mittellaufes oder Unterlaufes befindet. In jedem dieser Gewässerabschnitte sind die auftretenden hydraulischen Kräfte und Erosionsvorgänge andere. Der jeweilige Gewässerabschnitt ist aber auch gleichzeitig bestimmend für die Artenzusammensetzung.

1.1 Mechanische Wirkung

Der Gewässerwald hat zunächst mit seinem Wurzelwerk und seinen bodennahen oberirdischen Teilen technisch-mechanische Aufgaben zu erfüllen. Dazu gehören u. a.:
– Schutz der Sohle und Ufer im Oberlauf
– Schutz der Ufer im Mittellauf
– Schutz der Ufer und Vorländer im Unterlauf.
Durch die Art und Weise seines Aufbaues muß ausgeschlossen sein, daß überalterte Strauchweiden oder alleinstehende kolkfördernde strompfeilerartige Einzelstämme Abflußhindernisse darstellen und Wasserführung sowie Uferzustand nachteilig beeinträchtigen.

1.1.1 Wurzelwerk

Die unterirdische Sicherung von Sohle, Ufer und Vorland ist Aufgabe eines engen und tiefgestaffelten Wurzelfachwerkes, das umso wirkungsvoller ist, je stärker extensive und intensive Bewurzelung und Tief- und Flachwurzlcr gemischt sind.

1.1.2 Rutenreichtum

Der oberirdische Schutz der Ufer und Vorländer gegen Wasserangriffe kann durch einen großen Rutenreichtum erzeugt werden. Das wesentliche Merkmal dieser Ruten ist ihre Bewegungsfähigkeit im anströmenden Wasser. Durch sie wird eine Energieumwandlung erzielt, die zu den erwähnten technischen Forderungen gehört. Es kann sich bei diesen Ruten sowohl um Austriebe von Weidenspreitlagen, Weidenbestecken, Weidenkämmen und anderen Bauweisen handeln, als auch um Stockausschläge von Erlen oder anderen ausschlagbildenden Holzarten. Die gleiche Wirkung erreicht man mit den Zweigen der Strauchschicht,

z. B. von Faulbaum, Hasel, Weißdorn, Hundrose oder Holunder. Entscheidend ist daher immer die Anzahl der Ruten je Quadratmeter und die möglichst gleichmäßige Verteilung auf der Fläche.

1.2 Ökologische Wirkungen
Das Fließgewässernetz stellt in unseren Landschaften ein ökologisches Potential ersten Ranges dar. Es sollte den geologischen Verhältnissen des jeweiligen Einzugsgebietes entsprechend eine möglichst hohe Zahl von Kleinbiotopen enthalten. Hierzu müssen die Voraussetzungen geschaffen werden. Dieser Zustand kann durch einen artenreichen, ungleichaltrigen und stufigen Gewässerwald erfüllt werden.

1.2.1 Artenreichtum
Der Artenreichtum muß Gräser, Kräuter, Stauden und Sträucher sowie Bäume I., II. und III. Ordnung umfassen, wobei die Auswahl der Bäume und Sträucher vor allem nach der Lichtbedürftigkeit und dem Schattenerträgnis der einzelnen Arten sowie ihren Eigenschaften für den jeweiligen Standort zu erfolgen hat.

1.2.2 Ungleichaltrigkeit
Die Ungleichaltrigkeit ist u. a. dadurch zu erreichen, daß zwischen samentragenden Altbäumen eine Naturverjüngung heranwachsen kann. Eine solche Entwicklung wird im Gewässerwald nicht immer möglich sein und den gestellen Anforderungen nicht immer genügen. Es ist daher oft notwendig, in angemessenen Zeiträumen auch die Kronen der Bestände zu lichten, um dem durch Pflanzung eingebrachten Nachwuchs Entwicklungsmöglichkeiten zu geben.

1.2.3 Stufigkeit
Die Stufigkeit der Gewässerwälder ist deshalb von Bedeutung, weil die Strahlungsenergie als ein Faktor zur Erzeugung von Biomasse möglichst große Blattflächen erreichen muß.

2. Anforderungen an den Gewässerwald
Die Anforderungen an den Gewässerwald sind andere als diejenigen an andere Waldbestände. Diese haben im allgemeinen eine ausgesprochen wirtschaftliche Zielsetzung, die beim Gewässerwald zweitrangige Bedeutung besitzt.

2.1 Überstaubarkeit
Alle Pflanzen im Gewässerwald müssen in der Lage sein, kurzfristige Überflutungen ertragen zu können. Eine länger andauernde Überstauung mit stehendem Wasser wird erfahrungsgemäß schlechter ver-

tragen, als eine gleichlange Überstauung mit fließendem Wasser – vermutlich weil dadurch der Gasaustausch, der ja auch im Winter und außerhalb der Vegetationsperiode vor sich geht, gestört ist.

Die Überstaubarkeit ist aus einem noch anderen Grunde, besonders bei Weiden und Erlen, von besonderer Wichtigkeit. Beide Baumarten bilden im fließenden Wasser Wurzeln aus und zwar viele engständige Wurzeln, die in der Lage sind, Schwebstoffe auszufiltern und zu sedimentieren. Auf dieser Fähigkeit basieren die meisten ingenieurbiologischen Bauweisen an Gewässern. Bis heute ist aber nicht genau bekannt, bis zu welcher Höhe Weiden überstaut werden können, ohne daß ihre Fähigkeit, Wurzeln auszutreiben, eingeschränkt wird. Der Verfasser baute die Bruchweide (Salix fragilis) als 2,5 m lange Setzstangen in einen 1,6 m tiefen Kolk ein, wobei diese etwa 50 cm über die Wasseroberfläche hinausragten. Sie trieben unter und über Wasser aus.

2.2 Schnellwüchsigkeit

Um in der Initialphase sobald wie möglich die notwendige technische Sicherheit zu erreichen, ist eine der wesentlichsten Eigenschaften der zu verwendenden Pflanzen ihre Schnellwüchsigkeit. Das kann dazu führen, daß unter Umständen in der Initialphase Pflanzen verwandt werden müssen, die nicht der heutigen natürlichen potentiellen Vegetation entsprechen. Sie müssen später durch Arten der natürlichen Gewässerwaldgesellschaften ersetzt werden.

2.3 Unterirdische Triebmasse

Beim Einsatz von Pflanzen für ingenieurbiologische Bauwerke sollten Pflanzen verwendet werden, deren unterirdische Triebmasse größer ist als die oberirdische. Solche Pflanzen sind im Hinblick auf die Errichtung von Deckwerken von großem Vorteil (SCHIECHTL 1973).

2.4 Einschränkungen in der Artenwahl

Die Standortsfaktoren Boden, Klima, Exposition, Hangneigung, Wassermenge, Wasserqualität und Fließgeschwindigkeit bestimmen weitgehend die Artenauswahl.

2.5 Heutige potentielle natürliche Vegetation

Die heutige potentielle natürliche Vegetation ist die Grundlage, auf der alle Lebendbauweisen aufbauen. Wenn aus den bereits genannten oder aus anderen Gründen in der Initialphase Arten der ersten Sukzessionsstufen oder standortfremde Arten verwendet werden müssen, sollten später die Arten der potentiellen natürlichen Vegetation gefördert bzw. eingebracht werden.

2.6 Ökonomische Anforderungen

Im Gewässerwald sind auch ökonomische Anforderungen zu verwirklichen.

2.6.1 Schichtholzerzeugung

Es sollte möglich sein, die zur Erreichung der vorgenannten Ziele zu entnehmenden Bestandesteile zu einem leicht veräußerbaren Massensortiment aufzuarbeiten. Schichtholz ist von geringen Stärken an verwertbar und kann zudem von den in der Regel gut erreichbaren Gewässern mit Großraumfahrzeugen schnell abtransportiert werden. Seine Verwertung reicht von der Verspanung bis zur Herstellung von Platten und von der Papiererzeugung bis zum Einsatz neuer Energieformen (Alkoholgewinnung aus Holz).

2.6.2 Wertholzerzeugung

Eine weitere mit Nachdruck zu fordernde Produktionsform im Gewässerwald ist die Erzeugung von Wertholz. Das gilt u. a. für die Erle, den Ahorn, die Esche und die Kirsche im Ober- und Mittellauf des Gewässers. Hier können weiträumig (10 – 30 m) Einzelexemplare mit zweischnürig geraden Schäften erzogen werden, die in großen Zeiträumen (60 – 120 Jahre) beträchtliche Gewinne abzuwerfen in der Lage sind. Im Bereich des Unterlaufes gehören dazu die Stieleiche, die Ulme und die Pappel.

3. Bestandsaufnahme

Bevor über die Behandlung eines Gewässerwaldes eine Entscheidung getroffen wird, sollte eine Bestandsaufnahme gemacht werden.

3.1 Anteil der Arten am Gesamtbestand

Die Baumarten, Sträucher, Stauden, Kräuter und Gräser sind aufzunehmen, wobei nicht nur ihr örtliches Vorkommen, sondern vor allen Dingen auch ihr Anteil an der Gesamtvegetation festzuhalten ist.

3.2 Alter

Von großer Wichtigkeit ist das Alter vor allem der Baum- und Strauchschicht. Man muß sich vor Augen halten, daß eine Strauchweide etwa ein Alter von 20 bis 25 Jahren erreicht, eine Baumweide von 60 bis 80 Jahren und eine Roterle von 80 bis 120 Jahren. Eschen, Ahorn und besonders die Eichen können bis zu 400 Jahre alt werden.
Ist der Kulminationspunkt z. B. bei Strauchweiden überschritten, dann neigen sie ihre Zweige dem Wasser zu und können zu Abflußhindernissen werden. Junge gesunde Weiden folgen dem Gesetz der Polarität

und streben mit ihren Gipfelknospen der Sonne entgegen. Das trifft auf
alle Arten zu, wenngleich die einen im Gesamthabitus schmaler und die
anderen struppiger und breiter erscheinen.

3.3 Gesundheitszustand

Häufig sind es gerade die alten Baumweiden, die der Flußlandschaft
ein charakteristisches Gepräge geben, innen jedoch völlig hohl sind,
leicht umstürzen und dann zu Verklausungen des Gewässers mit allen
sich daran anschließenden Schwierigkeiten führen.

3.4 Bestandesform

Eine einfache Form der Einteilung eines Bestandes kann nach folgenden Merkmalen vorgenommen werden: dicht, lückig, stufig. Dabei darf
nicht übersehen werden, daß die Streckenanteile der jeweiligen Bestan-
desform zu erfassen sind. Entsprechend ihrer Beurteilung ergeben sich
daraus Art und Umfang der Maßnahmen.

3.5 Blattfläche

Schon schwieriger zu schätzen, aber mit einiger Übung zum Erfolge
führend, ist die Blattfläche der Einzelindividuen. Man muß davon ausgehen, daß im mehrstufigen, ungleichaltrigen Wald die maximale Blatt-
grünfläche zu finden ist. Die geringste Blattfläche hingegen findet sich
im dichtgeschlossenen Hallenbestand, in dem die einzelne Krone durch
die Konkurrenz der Nachbarn stark reduziert ist.

3.6 Kronenform

Als Faustregel sollte gelten, daß die Krone von im Bestand stehenden
Bäumen etwa $1/3$ der Baumlänge einnimmt und nach allen Seiten hin
voll ausgebildet ist. Die artspezifischen habituellen Unterschiede
spielen dabei keine Rolle. Wichtig ist, jene Individuen herauszufinden
und herauszunehmen, deren Kronen eingezwängt, unterdrückt und ins-
gesamt nicht mehr funktions- bzw. lebensfähig sind.
Während die Kronen im Bestandesdach einförmig sind, d.h. eine
größere Vertikal- und eine kleinere Horizontalausdehnung haben sollten, sind die Kronen im Unterstand in der Horizontalen größer und in
der Vertikalen schmaler ausgebildet. Dabei ist es gleichgültig, ob es
sich um Vertreter der Strauchschicht oder um jüngere Vertreter der
herrschenden Baumschicht handelt.

3.7 Wurzelzustand

Besondere Sorgfalt ist bei der Bestandsaufnahme auf den Zustand der
Wurzeln älterer Sträucher und Bäume zu legen, vor allem im Uferbereich. Die Erlen haben in ihrem äußeren Erscheinungsbild meist kein

eindeutiges Erkennungsmerkmal dafür, ob sie sich noch auf der aufsteigenden oder bereits auf der absteigenden Linie befinden. Erst bei der Untersuchung der Wurzeln stellt sich heraus, daß Stümpfe von 3,5 oder gar 10 cm Durchmesser abgefault sind. Solche Individuen müssen entfernt, die Wurzeln gerodet werden. Ein intaktes Exemplar der Waldgesellschaft muß insbesondere im Böschungsbereich mit einer Vielzahl von Feinwurzeln (unter 2 mm $\varnothing$) aufwarten können.

3.8 Entstehung

Viele Gewässerwälder machen aus der Ferne einen natürlichen und gesunden Eindruck. Erst bei genauerer Untersuchung stellt sich heraus, daß es häufig gesunde Triebe auf alten, bereits überständigen Stöcken sind. Die in diesen Ufergehölzen viele Jahrzehnte oder vielleicht Jahrhunderte hindurch ausgeübte Niederwaldwirtschaft führt dann oft zu einem falschen Urteil.

Handelt es sich um Kernwüchse, d. h. um Bäume, die aus einem Samenkorn hervorgegangen sind, dann sind solche Exemplare im Gewässerwald wünschenswerte Bestandesglieder. Leider sind sie dort heute noch eine Ausnahme.

3.9 Wirtschaftsformen

Je nach den gegebenen Möglichkeiten kann der Gewässerwald nieder-, mittel- oder hochwaldartig bewirtschaftet werden.

3.9.1 Niederwald

Niederwaldartige Bewirtschaftung bedeutet, den gesamten Aufwuchs außerhalb der Vegetationsperiode auf den Stock zu setzen (Schnitte dicht am Boden führen) und auf breiter Front im nächsten Frühjahr wieder ausschlagen zu lassen. Hydraulische Probleme gibt es bei dieser Wirtschaftsform nicht, da das schützende Wurzeldeckwerk im Boden verbleibt. Nach dem Ausschlagen weist diese Wirtschaftsform wohl den dichtesten Rutenmantel auf, der denkbar ist. Jedoch ist dieser Zustand nur kurzfristig haltbar. Der Wuchsintensität der einzelnen Individuen entsprechend entsteht nach und nach ein stufiger Bestand.

Trotzdem wäre an Stellen des Gewässers, wo eine hohe Energieumwandlung, aus welchen Gründen auch immer, Priorität besitzt, die niederwaldartige Bewirtschaftungsform zu empfehlen. Hier muß dann allerdings in sehr viel kürzeren Zeiträumen, d. h. in etwa 5 Jahren, auf den Stock gesetzt werden.

3.9.2 Mittelwald

Die mittelwaldartige Wirtschaftsform entspricht überwiegend der des Niederwaldes, nur daß in größeren Abständen (5 – 10 m) gut gewachsene Exemplare der bestandsbildenden Baumart stehen gelassen werden.

3.9.3 Hochwald

Die hochwaldartige Bewirtschaftung erfolgt mit dem Ziel des Aufbaues eines ungleichartigen, ungleichalten und stufigen Bestandes.

3.10 Bodenart

Von entscheidender Bedeutung für alle Planungsüberlegungen ist die Bodenart. Die Widerstandkraft von Kies, Sand oder Lehm gegenüber den angreifenden hydraulischen Kräften ist außerordentlich unterschiedlich. Diese Unterschiedlichkeit wird durch die Durchwurzelung vermindert. Die Durchwurzelung eines dichten Lehmes ist allerdings sehr viel schwieriger, als die eines lockeren Sandes.

3.11 Bodentyp

Die bei der Untersuchung des Bodentyps erfaßten Eigenschaften sollten eine generelle Aussage erlauben über die biologische Aktivität des Bodens, seine Durchlüftung sowie seinen Wasserhaushalt und seine Nährstoffversorgung. In aller Regel haben wir es im Bereich der Gewässer mit Auenböden zu tun, die je nach Bodenart bereits weitgehend klassiert sind und damit Probleme eigener Art hervorrufen.

Abb. 1
Durchforstung von Gewässerwäldern
aus Stockausschlägen

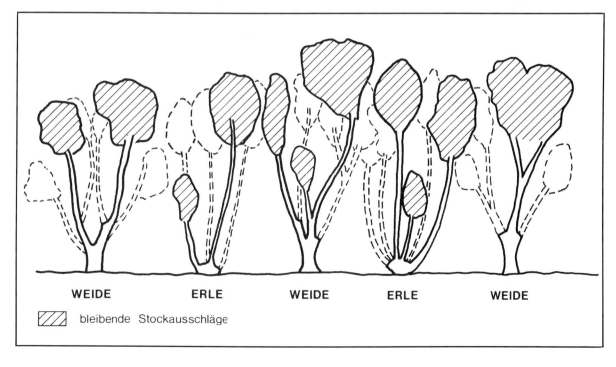

WEIDE   ERLE   WEIDE   ERLE   WEIDE

▨ bleibende Stockausschläge

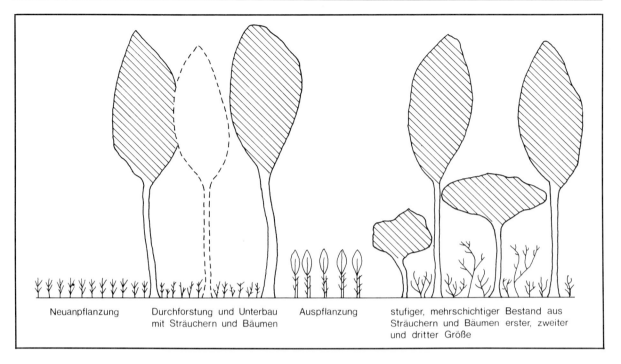

Neuanpflanzung   Durchforstung und Unterbau   Auspflanzung   stufiger, mehrschichtiger Bestand aus
                  mit Sträuchern und Bäumen   Sträuchern und Bäumen erster, zweiter
                                                                  und dritter Größe

Abb. 2
Neupflanzung, Durchforstung,
Unterbau, Auspflanzung und Auf-
bau von Gewässerwäldern

4. Umwandlung zum Zieltyp

Um die dem jeweiligen Gewässer angemessene und dauerhafte Bestandsform zu erreichen, sind in der ersten Zeit Eingriffe in den Gewässerwald nicht zu umgehen.

4.1 Auslichten und Durchforsten

Jenachdem, ob der vorhandene Uferbestand aus Kernwüchsen oder aus
Stockausschlägen hervorgegangen ist, muß er, um Kronenfreiheit zu
erhalten (Abschnitt 3.6), ausgelichtet oder durchforstet werden. Bei
beiden Handlungsweisen gelten die bereits erwähnten Grundsätze,
damit Sonnenenergie auch in das Innere des Bestandes eindringen
kann.

Beim Auslichten wird man häufig Astgabeln oder Mehrfachtriebe ent-
nehmen müssen, ohne einen korrekten Fällschnitt des Wurzelhalses
führen zu können (Abb. 1). Davon darf man sich nicht beeindrucken
lassen, denn es ist der erste Schritt zu einer Dauerwaldbestockung.
Dieser Umbau dauert im allgemeinen mindestens 30 Jahre.

4.2 Unterbau

Um einen ersten Schritt in Richtung Stufigkeit zu tun, ist es notwendig,
den durchforsteten oder ausgelichteten Bestand mit Vertretern der

bestandsbildenden Baumarten als auch mit standortgemäßen Sträuchern zu unterbauen (Abb. 2). Der Pflanzverband sollte eng sein, um sofort die hydraulische Wirkung der Rutenbürste entstehen zu lassen. Außerdem wirkt ein solcher Unterbau auch als »technische Fußbepflanzung« im Sinne von KIRWALD (1955).

4.3 Auspflanzen

Zeigen sich bei der Bestandsaufnahme (Abschnitt 3.4) Lücken im Gewässerwald, müssen diese ausgepflanzt werden (Abb. 2). Dazu nimmt man Vertreter der bestandsbildenden Arten in den größten Abmessungen, die im Handel erhältlich sind, um baldmöglichst den Kronenschluß wiederherzustellen und mit einem Unterbau nachfolgen zu können. Der Pflanzverband ist 1 x 1 m. Die Heister sind durch Baumpfähle zu schützen.

4.4 Neubegründung

Sollte sich bei der Bestandsaufnahme herausgestellt haben, daß der vorhandene Gewässerwald oder Teile desselben ihre Aufgaben nicht mehr erfüllen können, muß eine Neubegründung vorgenommen werden (Abb. 2). Bei der Neubegründung müssen alle vorgenannten Merkmale berücksichtigt werden. Dabei müssen vor allem die hydraulisch-mechanischen Aufgaben und die technisch-ökologischen Wirkungen des Gewässerwaldes vorrangig beachtet werden.

5. Literatur

KIRWALD, E. (1955): Waldwirtschaft an Gewässern. Neuwied/Rhein.
SCHIECHTL, H.-M. (1973): Sicherungsbauweisen im Landschaftsbau. München.

Wolf Begemann
Wimbergerstraße 11
5940 Lennestadt 1

Zusammenfassung:
Um die Wirkung von Gehölzen auf gesicherten und ungesicherten Böschungen zu erfassen, wurden Auszugsversuche an Alnus glutinosa, Carpinus betulus, Salix caprea und Betula pendula durchgeführt.
Der Auszugswiderstand bewegte sich zwischen 2,0 und 5,0 KN für vier- bis zehnjährige Pflanzen. Ein Unterschied zwischen gesicherten und ungesicherten Standorten ist erkennbar, was jedoch durch eine statistisch gesicherte Anzahl von Versuchen nachgewiesen werden müßte.
Eine quantitative Erfassung der bodenfestigenden Wirkung einzelner Gehölze erfordert umfangreichere bodenphysikalische Untersuchungen sowie die Erfassung des Wurzelsystems.

Summary:
Extraction tests were conducted on stables and unstables slopes with Alnus glutinosa, Carpinus betulus, Salix caprea and Betula pendula. There is a clear difference in the extraction resistance, it varies between 2,0 and 5,0 KN which must be verified by a significant number of tests.
A quantitative registration of the stabilising factor of the individual woods requires an extensive research of the physical qualities of the soil and the registration of the root system.

Karl Hähne

Messungen des Widerstandes von Gehölzwurzelsystemen gegenüber oberirdisch angreifenden Zugkräften.

Measurements of the resistance shown by roots systems in trees and thickets to the influence of overground tractive forces.

In unserer dicht besiedelten Landschaft werden oft Baumaßnahmen erforderlich, wobei aus Platzmangel oder aus wirtschaftlichen Gründen steile Böschungen entstehen, die ohne eine Sicherungsmaßnahme erosions- oder rutschgefährdet sind.

1. Aufgabenstellung

In den letzten Jahren ist die Pflanze in immer stärkerem Maße als Baumaterial zur Sicherung von erosions- und oberflächlich rutschgefährdeten Böschungen herangezogen worden.

Es gibt jedoch kaum quantitative Aussagen über das Vermögen einzelner Pflanzen, sich im Boden zu verankern, beziehungsweise den Boden mit ihrem Wurzelwerk zu festigen, so daß oben genannte Gefahren herabgesetzt oder vollständig reduziert werden.

Um sich diesen Fragen annähern zu können, wurden im April 1980 Auszugversuche durchgeführt. Gemessen wurde parallel zur Sproßachse der Auszugwiderstand, mit dessen Hilfe es möglich werden kann

a) die Standfestigkeit der Pflanze selbst gegenüber oberirdisch angreifenden Kräften zu erfassen (z. B. Wind, Wasser, sich bewegende Erdmassen),

b) das Vermögen einzelner Pflanzen, mit ihrem Wurzelwerk den Boden zu festigen und

c) den Einfluß verschiedener ingenieurbiologischer Bauweisen auf die Standfestigkeit von Pflanzen zu beurteilen.

2. Versuchsmaterialien bzw. -objekte

Die Versuche wurden an einem Hangrost, einer Betonkrainerwand und einer Wegböschung an den in Tabelle 1 aufgeführten Pflanzen durchgeführt.

Gehölzarten	Zugkraft in KN	Durch- messer in cm	Quer- schnitts- fläche in cm^2	Zug- spannung in KN/cm^2
Gehölze im Hangrost				
Alnus glutinosa	2,00	3,25	8,30	0,250
Alnus glutinosa	2,00	3,50	9,62	0,208
Alnus glutinosa	5,00	5,65	25,07	0,199
Carpinus betulus	3,00	2,64	5,47	0,548
Carpinus betulus[1]	5,00	2,56	5,15	0,071
Carpinus betulus	3,00	3,64	10,41	0,288
Carpinus betulus	3,20	4,10	13,20	0,242
Gehölze in der Betonkrainerwand				
Salix caprea	3,00	4,16	13,59	0,221
Salix caprea	2,00	2,92	6,70	0,299
Salix caprea	5,50	6,10	29,23	0,188
Gehölze auf der Straßenböschung				
Salix caprea	5,50	8,51	56,88	0,097
Salix caprea	1,50	5,50	23,76	0,063
Betula pendula	3,00	4,48	15,76	0,190
Betula pendula	3,00	5,30	22,06	0,136
Carpinus betulus	4,00	7,82	48,03	0,083

Tabelle 1
Zusammenstellung der Auszug-versuche

[1] Dieser Versuch wurde abgebrochen, da sich ein Teil des Hangrostes bewegte.

2.1 Bauweise, Pflanzen und Boden

Der *Hangrost* (Versuch 1), gebaut 1976 mit einer Neigung von 5 : 1, diente zur Sicherung einer Böschung, die beim Bau einer Kompressoranlage entstand, welche durch ihre Schwingungen das anstehende verwitterte Gestein immer weiter lockerte. Das Gestein war blättriger, quarzhaltiger Lenneschiefer aus dem mittleren Devon. Der Hangrost selbst bestand aus übereinandergesetzten Betongittersteinen, die teilweise durch Rundhölzer, senkrecht zu den Höhenlinien aufgestellt, mit einer Neigung von 5 : 1 gegen Erddruck gesichert waren. Die Rundhölzer waren wiederum mit Felsankern verspannt. Die Schwarzerle (Alnus glutinosa) und die Hainbuche (Carpinus betulus) im Pflanzverband 60 x 60 cm wurden durch die Aussparungen der Betongittersteine in Löcher gepflanzt, die in der Böschung vorgebohrt waren. Die Füllung der Löcher bestand aus gedüngtem Oberboden.

Die *Betonkrainerwand* (Versuch 2), 1976 erstellt zur Sicherung einer durch Straßenbau entstandenen Böschung, war unter anderem mit Salweide (Salix caprea) bepflanzt worden, woran Auszugversuche durchgeführt wurden.

Das angefüllte Material bestand aus sandigem Lehm bis Lehm.

Das Alter der Pflanzen auf der *Straßenböschung* (Versuch 3) konnte nur geschätzt werden. Es handelte sich um Sandbirke (Betula pendula), Hainbuche (Carpinus betulus) und Salweide (Salix caprea). Der Boden bestand aus verwittertem Lenneschiefer (auch als Büdesheimer Schiefer bezeichnet), wobei der A_h-Horizont sofort in den C-Horizont überging.

2.2 Das Ausziehgerät

Es wurden ein Greifzug (max. Zugkraft: 3,5 t $\triangleq$ 35,0 KN), eine Spezialfederwaage (Meßbereich bis 1000 kg $\triangleq$ 10,0 KN), als festes Widerlager ein Widerlager der Kompressoranlage und bei Betonkrainerwand und Straßenböschung ein Geländefahrzeug benutzt.

3. Versuchsdurchführung

Die Meßanordnung hatte folgende Reihenfolge: Pflanze, Federwaage, Greifzug und festes Widerlager.

Der eigentliche Meßvorgang dauerte ca. 3 – 15 Minuten. Er wurde beendet, nachdem sich keine Laststeigerung mehr einstellte. Die Pflanzen, an ihrem Standort belassen, erlitten starke Verletzungen, besonders an ihrer Rinde, sodaß sie höchstwahrscheinlich abstarben.

Bei Versuch 1 wurde eine Messung beendet, als sich ein Betongitterstein bewegte.

Die Bewegungen der Pflanzen stellten sich ungefähr proportional zur Zugkraft ein und erreichten maximal 34 cm. An der ungesicherten Straßenböschung war die schnellste Umlagerung der Kräfte zu beobachten, die sofort nach Beendigung des Zugvorganges einsetzte, wobei die Zugkraft auf eine Restzugkraft absank.

4. Auswertung und Erkenntnisse

Zunächst ist festzustellen, daß wegen der geringen Anzahl keine statistisch haltbare Aussage getroffen werden kann. Weiterhin wurden die Wurzelsysteme nicht ausgegraben und keine erdbaulichen Bodenkennwerte ermittelt.

Jedoch können folgende Punkte festgehalten werden:
1. Der Auszugwiderstand von vier- bis zehnjährigen Gehölzen kann zwischen 2,0 KN und 5,0 KN liegen (Abb. 1).
2. Es ist ein deutlicher Unterschied zwischen den Standorten in Stützbauten und denjenigen an ungesicherten Stellen festzustellen.
3. Ein Gehölz benötigt eine wesentlich größere Wachstumszeit, um den Auszugwiderstand zu erreichen, der sich auf einem durch ein Stützbauwerk gesicherten Standort einstellen würde.
4. Um auf das Boden-Festigungsvermögen einzelner Pflanzen schließen zu können, muß zusätzlich das Wurzelsystem der einzelnen Pflanze auf das durchwurzelte Bodenvolumen bezogen und der Boden durch bodenphysikalische Untersuchungen beschrieben werden.

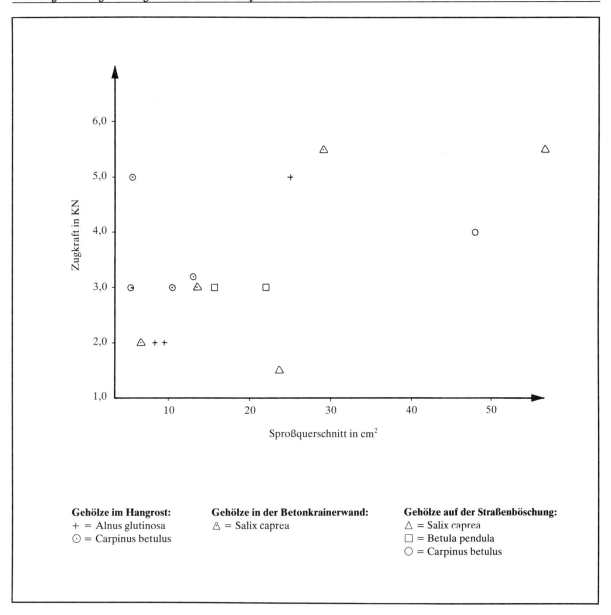

Die hier tendenziell aufgezeigten Größenordnungen müssen durch eine große Anzahl von Auszug-Versuchen untermauert werden, die lediglich *eine* Möglichkeit sind, die Systeme »Wurzel-Boden« und »Pflanze-Bauwerk-Boden« näher zu beschreiben und die Auswahl geeigneter Pflanzen zu erleichtern.

Abb. 1
Gemessene Zugkraft in Abhängigkeit desjenigen Sproßquerschnittes kurz oberhalb der Erdoberfläche, woran das Zugseil befestigt wurde

Zusammenfassung:
Es wird das prinzipielle Vorgehen
bei der Planung lebender Uferdeckwerke im Flußbau dargestellt. Die
das Ufer angreifende Schleppkraft
muß dabei nach Erfahrung abge-
schätzt werden. Die Faktoren, die die
Sicherungswirkung des Deckwerkes beeinflussen, werden zu
sinnvollen Gruppen zusammengefaßt. Es wird eine einfache mathematische Funktion entworfen, die das
zeit- und standortabhängige Bau-
werk »lebendes Uferdeckwerk«
beschreibt. Die Beispiele dienen nur
zur Verdeutlichung der Zusammenhänge. Die Zahlen sind geschätzt.

Summary:
The contribution describes the plan-
ing of biological engineering on
banks and shorelines. The eroding
power can only be estimated. The
elements derogating the security of
the construction are combined in
pregnant groups. A simple mathe-
matic function describes the depen-
dence of time and location. The
examples elucide merely the
different factors which are to be
considered. The figures are estimated.

R. Johannsen

Zur Wirkung ingenieurbiologischer Bauweisen am Beispiel lebender Uferdeckwerke im Flußbau

Functioning of bio-engineer measures by way of example of river eingineering

1. Einleitung

Die neuere Gesetzgebung des Bundes und der Länder fordert, daß
Baumaßnahmen in unserer stark belasteten Umwelt in Einklang mit
dem Naturhaushalt und dem Landschaftsbild gebracht werden. Dabei
ist der Nutzen der Baumaßnahme jeweils gegen die Schäden, die durch
sie im Naturhaushalt und im Landschaftsbild hervorgerufen werden,
abzuwägen. Die bei Tiefbauten, insbesondere bei Straßen- und Wasserbauten, entstehenden neuen Böschungen und Ufer können meist durch
Lebendbaumaßnahmen nachhaltig gesichert werden. Manchmal sind
auch Kombinationen mit Massivbauten sinnvoll. Beim Lebendbau sind
häufig Kosteneinsparungen gegenüber rein technischen Sicherungen
mit anschließender Begrünung möglich. Die sich aus ingenieurbiologischen Bauweisen entwickelnden Pflanzenbestände fügen sich außerdem
besser in die Landschaft ein. Die Lebendbauweisen leiten eine Regeneration des Standortes der durch die Baumaßnahme beeinflußten Flächen ein. Danach können diese Flächen zu wertvollen Regenerations-
zonen für den jeweiligen örtlichen Naturhaushalt werden.
Die verschiedenen Funktionen, die beim Lebendbau und dessen Planung zu beachten sind, sollen im folgenden am Beispiel von Uferschutz-
maßnahmen im Flußbau aufgezeigt werden. Die Darstellung muß sich
zwangsläufig auf das prinzipielle Vorgehen beschränken. So sind die in
den Beispielen angegebenen Zahlenwerte geschätzt und müssen im
konkreten Fall aus Versuchsreihen abgeleitet werden. Praktische Beobachtungen und Untersuchungen des Wurzelwachstums der für den
Lebendbau geeigneten Pflanzen wurden bisher durchgeführt von
BEGEMANN (1980), DUTHWEILER (1967), HILLER (1966),
KIRWALD (1951), KÖSTLER, BRÜCKNER u. BIBELRIETHER
(1968), SCHIECHTL (1973), SCHLÜTER (1971). HÄHNE führte
1980 Untersuchungen an Weidensteckhölzern durch und bereitet darüber eine Veröffentlichung vor (mündl. Mitt. am 14. 1. 81).

Der Verfasser dankt den Herren
Begemann, Professor Pflug und Stähr
für Anregungen zu diesem Beitrag.

2. Herleitung der Systematik

Die im Flußbau verwendeten Bauweisen des Lebendbaus stellen Uferdeckwerke dar, die zumindest in der Wasserwechselzone oberhalb des SoMW die Ufer sichern. Ein solches Deckwerk besteht aus Pflanzen und dem von Pflanzen durchwurzelten und dadurch in seinen physikalischen Eigenschaften veränderten Boden. Hierbei übernehmen die oberirdischen Pflanzenteile die Aufgabe der Strömungsverlangsamung. Das Wurzelwerk dient der Böschungssicherung. Ein solches lebendes Uferdeckwerk erfüllt vor allem eine statische Funktion, indem es die Kräfte, die bei der Abbremsung der Wasserströmung entstehen, in den Untergrund überträgt. Außerdem wird oberflächennaher Boden durch Wurzeln zusammengehalten und in den darunter liegenden Schichten verankert. Zu den mechanischen Wirkungen treten die biologischen Wirkungen wie der Entzug von Wasser und das Verkleben von Bodenteilchen durch Mikroorganismen und Wurzelausscheidungen hinzu.

Die im konstruktiven Ingenieurbau übliche Systematik wird hier auf den Lebendbau übertragen. Der konstruktive Ingenieur schätzt bei statischen Problemen die angreifenden Kräfte nach Art und Größe ab, wählt ein geeignetes statisches System und dimensioniert die einzelnen Bauelemente des Tragwerks nach den erforderlichen Schnittkräften. Auf ein lebendes Uferdeckwerk übertragen heißt das:
— Abschätzen der angreifenden Kräfte aus der Wasserströmung
— Untersuchung des Ufersubstrates
— Festlegung eines sinnvollen Deckwerksystems
— Dimensionierung der Bauelemente
— Auswahl der für den Zweck geeigneten Pflanzen.

3. Lastfälle und Belastungen

Im folgenden werden nur die an der Böschungsoberfläche angreifenden Kräfte, die durch Wasserströmungen bei Hochwasser entstehen, betrachtet. Die Lastfälle Böschungsbruch infolge Tiefenerosion oder Porenwasserdruck und das Bodenfließen werden ausgeklammert. Die Belastung der Ufer wird im Flußbau häufig nach der Schleppkraftformel $S = I \cdot t \cdot 10\,000$ (N/m^2) berechnet. Sie gilt aber nur für gerade, kanalisierte Gewässerabschnitte. Bei naturnahen Fließgewässern mit wechselnden Querschnittsbreiten, flachen und tiefen Sohlabschnitten, Vorländern mit variablen Abmessungen, weiten und engen Kurven sowie Kiesbänken und Inseln ist diese Formel unzulänglich und muß mit Korrekturfaktoren versehen werden. Neben der durch die angegebene Formel erfaßten Schleppkraft treten im natürlichen Gewässer auch noch Sogkräfte aus Turbulenzen sowie Stoßbeanspruchungen durch Treibgut und Eis auf. All diese Kräfte werden im folgenden in der Bezeichnung für die Schleppkraft S berücksichtigt (Abb. 1).

Abb. 1
Darstellung des Schleppkraftangriffs
und der Schleppkraftabdeckung
durch Lebendbauweisen in Höhe der
SoMW-Linie für jedes Ufer

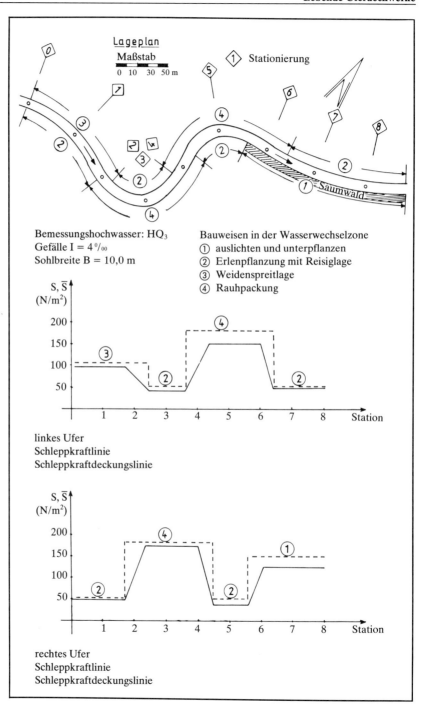

Bemessungshochwasser: HQ$_3$
Gefälle I = 4 $^0/_{00}$
Sohlbreite B = 10,0 m

Bauweisen in der Wasserwechselzone
① auslichten und unterpflanzen
② Erlenpflanzung mit Reisiglage
③ Weidenspreitlage
④ Rauhpackung

linkes Ufer
Schleppkraftlinie
Schleppkraftdeckungslinie

rechtes Ufer
Schleppkraftlinie
Schleppkraftdeckungslinie

4. Zum statischen System Deckwerk

Das lebende Uferdeckwerk wirkt in der Wasserwechselzone über dem SoMW. Über die Pflanzentriebe und die oberflächennahen Wurzeln werden die Belastungen aus direkter Wasseranströmung, Sogkräften bei Tubulenzen, aufprallendem Treibgut, Geschiebe- und Eisschurf aufgenommen und über die Wurzeln in die tieferen Bodenschichten eingeleitet. Die Größe der aufnehmbaren Kraft eines Deckwerks wird im folgenden mit aufnehmbarer Schleppkraft $\overline{S}$ bezeichnet.

Aus wirtschaftlichen und landschaftsökologischen Gründen sollte die Dimensionierung der Uferdeckwerke in abgestufter Form durchgeführt werden. Stark gefährdete Bereiche können anhand der Schleppkraftlinie erfaßt werden (Abb. 1) und müssen massiv gesichert werden (kombinierter Lebendbau). Vorhandene Gehölzbestände können bei der Planung mit berücksichtigt werden.

Der Nachweis kann durch die Schleppkraftdeckungslinie, die die aufnehmbare Schleppkraft $\overline{S}$ auf einem Ufer darstellt, erfolgen (Abb. 1). $\overline{S}$ wird bei der Betrachtung der Lebendbauweisen im folgenden in zwei völlig von einander unabhängige Komponenten $\overline{S}_B$ und $\overline{S}_V$ aufgeteilt:

$$\overline{S} = \overline{S}_B + \overline{S}_V$$

$\overline{S}_B$ charakterisiert die Schleppkraft, die die Bauweisen direkt nach der Fertigstellung und später ohne Berücksichtigung der sich aus den lebenden Baustoffen entwickelnden Wurzeln und Trieben aufnehmen. Die Wurzeln und Triebe nehmen die mit $\overline{S}_V$ gekennzeichnete Schleppkraft auf.

5. Die Wirkung der lebenden Pflanzen

Da sich das Bauelement lebende Pflanze nach PFLUG (1971) zeitabhängig verhält und erst im Laufe der Zeit eine stärkere Sicherung übernimmt, muß hier die kritische Anfangszeit betrachtet werden. Eine reine Gehölzpflanzung kann am Anfang so gut wie keine Schleppkraft aufnehmen und birgt daher in den ersten Jahren ein Risiko. Aus Lebendbau hervorgehende Weidenbestände entwickeln sich so stark, daß die kritische Anfangszeit auf $1/2$ bis 2 Jahre reduziert wird. Zur Beschreibung dieses Vorgangs wird ein vegetationsabhängiger Schleppkraftdeckungswert $\overline{S}_v$ eingeführt. Die Faktoren, von denen dieser Wert abhängt, werden dem Sinn nach zu vier Gruppen zusammengefaßt und hier vereinfacht als Produkt dargestellt.

$$\overline{S}_v = \overline{S}_{vp} \cdot B \cdot K \cdot R$$

$\overline{S}_{vp}$: spezifischer Grundwert für Pflanzenart, Pflanzenqualität, Alter und Anordnung. Dieser Wert ist zeitabhängig und muß unter genormten Bedingungen ermittelt werden (Abb. 2).

Abb. 2
Darstellung des vegetationsabhängigen Schleppkraftdeckungswertes in Abhängigkeit von der Zeit an Hand von drei Beispielen
a Weidenspreitlage aus Korbweide, zweijährige Ruten, 20 Stück pro lfd m
b Weidenkämme aus Korbweide, 3 cm Zopfstärke, 60 cm lang, 7 Stück pro m^2
c Pflanzung von leichten Heistern und Sträuchern im Verband 1 x 1 m, Schwarzerle, Esche, Wasserschneeball

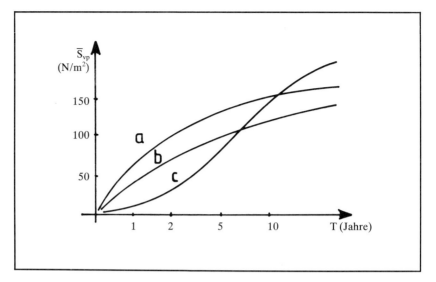

B: Korrekturfaktor für den Boden. Dieser Faktor berücksichtigt Bodenart, Nährstoffversorgung, mögliche Schadstoffe, Lagerungsdichte, Wassergehalt und Bodenlebewesen.

K: Korrekturfaktor für das Klima. Mit diesem Faktor werden die Temperatur-, Niederschlags- und Windverhältnisse berücksichtigt.

R: Korrekturfaktor für sonstige Faktoren wie Krautschicht und Wildverbiß.

Bei günstigen Bedingungen wird die Widerstandskraft des lebenden Deckwerkes innerhalb weniger Jahre stark ansteigen und sich asymptotisch einem Endwert nähern (Abb. 2). Dieser Endwert kann bei angemessener Pflege des Gehölzbestandes unbegrenzt beibehalten werden. Hierbei ist zu beachten, daß die durch die Bauweisen eingebrachten Vegetationsbestände häufig nur Initialphasen darstellen. Diese müssen dann durch Pflegemaßnahmen und Ergänzungspflanzungen in die standortgemäße Pflanzengesellschaft überführt werden.

6. Die Wirkung der Bauweisen

Da das Bauelement lebende Pflanze erst im Laufe von Jahren eine Sicherungsfunktion übernimmt, birgt die Anfangszeit ein hohes Risiko für den Bauabschnitt. Eine reine Gehölzpflanzung nimmt am Anfang so gut wie gar keine Schleppkraft auf. Die Böschung ist ungeschützt.
Bei Anwendung ingenieurbiologischer Bauweisen wie Weidenkämme, Buschlagen, Heckenbuschlagen, Spreitlagen, Krainerwände und Rauhpackungen, eventuell in Verbindung mit Reisiglagen und Rauhbäumen, kann die gefährdete Böschung vom Zeitpunkt der Fertigstellung bis zum Heranwachsen der Gehölze ausreichend gesichert werden.

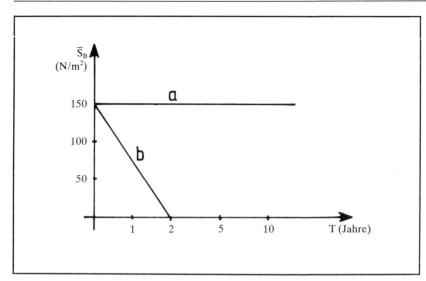

Abb. 3:
Bauweisenabhängiger Schleppkraftdeckungswert in Abhängigkeit von
der Zeit
a Steinsatz aus Steinen von 300 mm
Kantenlänge
b tote Spreitlage oder lebende
Spreitlage ohne Berücksichtigung der
Wirkung des Ausschlags. Diese wird
nur im $\overline{\overline{S}}_v$-Wert berücksichtigt

Zur Beschreibung des sofort wirksamen Widerstandes gegen Schlepp-
kräfte, der sich aus der ingenieurbiologischen Bauweise bzw. Siche-
rungsbauweise ergibt, wird hier der bauweisenabhängige Schleppkraftdeckungswert $\overline{S}_B$ eingeführt.
Die genannten Bauweisen haben auf Grund ihrer Konstruktion sofort
nach Fertigstellung eine gewisse Widerstandskraft gegenüber dem
Wasserangriff. Sie haben aber nur eine begrenzte Haltbarkeit. Diese
dauert solange, bis die toten Baustoffe, wie Holz und Reisig, oder die
lebenden Baustoffe wie Rute und Steckholz verrottet sind. Der $\overline{S}_B$-Wert
ist so definiert, daß er auch bei gutem Anwachsen der Lebendbauweisen abnimmt (Abb. 3). Der reale Zuwachs an Widerstandskraft ergibt
sich aus der Superposition mit dem $\overline{S}_v$-Wert. Die Pflanzen müssen also
in dem Zeitraum, in dem die Böschung durch die Bauweisen gesichert
ist, so weit heranwachsen, daß sie danach die Sicherung voll übernehmen können. Im anderen Fall kann es bei Bemessungshochwasser
wieder zu Uferschäden kommen.

7. Zeitabhängiges Zusammenwirken von $\overline{S}_B$ und $\overline{S}_V$

Die zeitabhängige Entwicklung des Schleppkraftdeckungswertes $\overline{S}$
ergibt sich aus der Summe von $\overline{S}_B$ und $\overline{S}_V$. Aus Abschnitt 6 folgt dann:

$$\overline{S} = \overline{S}_B + \overline{S}_{VP} \cdot K \cdot B \cdot R$$

Während $\overline{S}_B$ abnehmende Tendenz hat, hat $\overline{S}_V$ steigende Tendenz. Der
reale Zuwachs an Widerstandskraft des Deckwerkes im Laufe seiner
Entwicklung ergibt sich aus der Superposition von $\overline{S}_B$ und $\overline{S}_V$. Die
Pflanzen müssen also in dem Zeitraum, in dem die Bauweisen verrot-

ten, so weit heranwachsen, daß sie den Sicherungsverlust mindestens ausgleichen und danach die Sicherung voll übernehmen können. Im anderen Fall ist bei Bemessungshochwasser wieder mit Schäden zu rechnen.

8. Beispiele

Beispiel 1
Mittelgebirgsbach im Staubereich eines Wehrs; geschätzte Schleppkraft bei einem 3jährlichen Hochwasser
$\overline{S} = 50 \text{ N/m}^2$

Standortfaktoren:
Boden: Lehm, dicht gelagert, nährstoffarm $\rightarrow B = 0{,}7$
Klima: rauhes Gebirgsklima, H = 300 m ü NN $\rightarrow k = 0{,}8$
Sonstige Standortfaktoren $\rightarrow R = 0{,}9$

gewählte Bauweise:
Roterlenpflanzung 1,0 x 1,0 m mit Reisiglage

Nachweis der Böschungssicherung $\overline{S} = \overline{S}_B + \overline{S}_v$
nach der Fertigstellung, für T = O: $= 70 + 0{,}0 = 70 > 50 = S \text{ erf.}$
                                                              nach drei Jahren, T = 3:
                                                              $\overline{S} = 0{,}0 + 100 \cdot 0{,}7 \cdot 0{,}8 \cdot 0{,}9$
                                                              $= 50{,}4 \geqslant 50{,}0 = S \text{ erf.}$

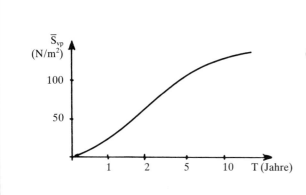

Schleppkraftdeckungswert für Roterlenpflanzung 1 x 1 m von 2jährigen 1 x verschulten Heistern unter Normbedingungen.

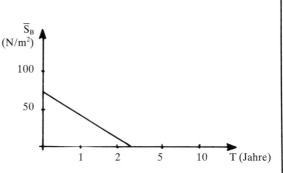

Reisiglage aus frischem Fichtenreisig 5 kg/m²

Beispiel 2
Mittelgebirgsfluß, Prallufer; geschätzte Schleppkraft bei einem 3jährlichen Hochwasser
$\overline{S} = 250 \text{ N/m}^2$

Standortfaktoren
Boden: lehmiger Kiessand, nährstoffarm, sauer $\rightarrow B = 0,8$
Klima: Kaltluftstau durch Brücke, Südwesthang $\rightarrow k = 0,7$
$N = 800 \text{ mm/Jahr}$
Sonstiges: belichtet, geringe Verkrautung $\rightarrow R = 1,0$

gewählte Bauweise:
Böschungsneigung $1:1,5$;
Steinsatz mit lebender Asteinlage von ausschlagfähigen vierjährigen Ästen der Purpurweide

Nachweis der Böschungssicherung:
nach der Fertigstellung, $T = 0$:

$$\overline{S} = \overline{S}_B + \overline{S}_v = 300 > 250 = S_{erf}.$$
nach 2 Jahren, $T = 2$:
$$\overline{S} = 200 + 100 \cdot 0,8 \cdot 0,7 \cdot 1,0 = 256 > 250 = S_{erf}$$

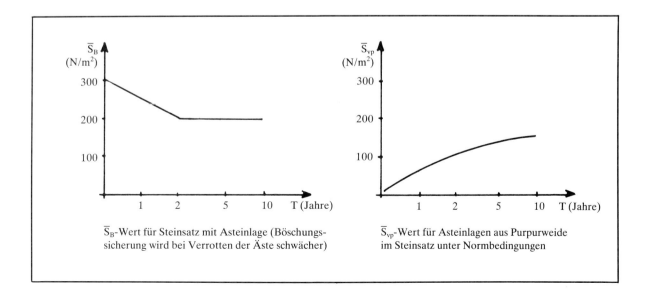

$\overline{S}_B$-Wert für Steinsatz mit Asteinlage (Böschungssicherung wird bei Verrotten der Äste schwächer)

$\overline{S}_{vp}$-Wert für Asteinlagen aus Purpurweide im Steinsatz unter Normbedingungen

Beispiel 3
Mittelgebirgsfluß, gerader Flußabschnitt; geschätzte Schleppkraft
100 N/m² bei 3jährlichem Hochwasser

Standortfaktoren
Wie Beispiel 2   B = 0,8
                 k = 0,7
                 R = 1,0

gewählte Bauweise
Böschungsneigung 1 : 2,5, Weidenspreitlage aus Korbweide, 2jährige
Ruten und Steinsatz am Böschungsfuß

Nachweis der Böschungssicherung
Zeitpunkt der Fertigstellung, T = o:

$$\overline{S} = \overline{S}_B + \overline{S}_v = 150 + 0 = 150 > 100 = S_{erf.}$$
nach einem Jahr, T = 1:
$$\overline{S} = 75 + 75 \cdot 0,8 \cdot 0,7 \cdot 1,0 = 117 > 100 = S_{erf.}$$
nach zwei Jahren, T = 2:
$$\overline{S} = 0 + 150 \cdot 0,8 \cdot 0,7 \cdot 1,0 = 84 < 100 = S_{erf.}$$
nach vier Jahren, T = 4:
$$\overline{S} = 0 + 175 \cdot 0,8 \cdot 0,7 \cdot 1,0 = 98 \sim 100 = S_{erf.}$$

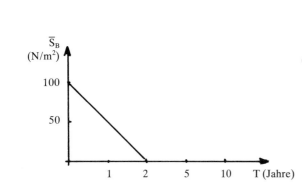

$\overline{S}_B$-Wert für Weidenspreitlage 20 Ruten pro lfd m.

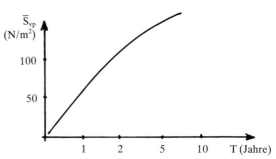

$\overline{S}_{vp}$-Wert für Weidenspreitlage aus Korbweide,
2jähr. Ruten unter Normbedingungen.

Schlußbemerkung

Die in konstruktiven Ingenieurbau übliche Systematik läßt sich wie gezeigt auf den Lebendbau übertragen. Die Besonderheit des Lebendbaus besteht darin, daß die unter $\overline{S}_V$ berücksichtigten Einflußfaktoren zusätzlich ermittelt werden müssen. Wie die Beispiele zeigen, wird bei ausreichender Kenntnis der einzelnen Faktoren die Sicherungswirkung von Lebendbauweisen nachweisbar. Die Erfassung der Faktoren ist bislang nur durch Abschätzung auf Grund von Erfahrungen und einzelner Untersuchungen möglich. Daraus ergibt sich gegenwärtig ein hohes Risiko und ein hoher Planungsaufwand für ingenieurbiologische Bauweisen.

10. Schrifttum

BEGEMANN, W. (1980): Lebendverbau an Gewässern. In Mollenhauer, D. (Hrsg.): Landschaft als Lebensraum. Courier Forschungsinstitut Senckenberg Nr. 41, Frankfurt a. M.

DUTHWEILER, H. (1967): Lebendverbau an instabilen Böschungen. Forschungsarbeiten aus dem Straßenwesen. Bad Godesberg.

HILLER, H. (1966): Beitrag zur Beurteilung und zur Verbesserung biologischer Methoden im Landeskulturbau. Aus dem Institut für Kulturtechnik und Gründlandwirtschaft der Technischen Universität Berlin.

KIRWALD, E. (1951): Weidenanbau gegen Bodenerosion. Forstarchiv. 22. Jahrgang.

KÖSTLER, J. N., BRÜCKNER, E. und BIBELRIETHER, H. (1968): Die Wurzeln der Waldbäume. Hamburg und Berlin.

PFLUG, W. (1971): Die Pflanze als Baustoff im Bereich des Straßenbaus. In: Lebender Baustoff Pflanze. Vorträge des XI. Seminars des Bundes Deutscher Garten- und Landschaftsarchitekten e. V. Heft 11. München.

SCHIECHTL, H. M. (1973): Sicherungsarbeiten im Landschaftsbau. München.

SCHLÜTER, U. (1971): Versuche über die Eignung von Gehölzen als Heckenlagen zur Stabilisierung steiler Kippenböschungen aus saurem tertiären Abraummaterial. Landschaft und Stadt. 3. Jg.

Diplomingenieur Rolf Johannsen
Büro für Ingenieurbiologie
Adalbertsteinweg 152
5100 Aachen

Zusammenfassung:
Lebewesen, insbesondere Pflanzen, sind durch genetische Veranlagung in der Lage, technische Leistungen zu erbringen. Kirwald spricht von den schöpferischen Leistungen der Lebewesen, die aus ererbtem inneren Leistungsvermögen entstehen. Diese Leistungen nennt er »Biotechnik«. Sie zu leiten und zu lenken ist die Aufgabe.
Durch Wurzelexsudation entsteht aus Einzelkorngefüge Aggregatgefüge, d. h. durch Bepflanzung erhält ein nichtbindiger Boden Kohäsion. Dadurch ändert sich der bodenmechanische Rechenansatz. Durch das waagerechte Einlegen von Pflanzen oder Pflanzenteilen in eine Böschung, z. B. bei einer Dammschüttung, läßt sich ein steiler Böschungsgrad erreichen, weil sich an der Mantelfläche der Pflanzenwurzeln Haftreibung aufbaut. Mit dem Rutenreichtum eines »lebenden Uferdeckwerkes« werden durch Verwirbelung Energien umgewandelt, die Fließgeschwindigkeit herabgesetzt und derart ausgebaute Ufer vor Schäden geschützt.

Summary:
Living organisms – especially plants – are able, through their natural genetic abilities, to display genuine technical accomplishments. Professor Kirwald speaks of the creative capabilities of living organisms, which arise from their intrinsic natural powers. He calls these achievements "Bio-technology": our task is to lead and direct these. Exudation through the roots binds single soil particles together fo form aggregate particles – i.e. plant life gives cohesion to fine, loose soils – thus changing screening tendencies in soil mechanical terms. By the use of horizontal banding of plants or parts of plants, slopes can be made steeper (e. g. in embankment balasting) because the surface area

Wolf Begemann

Von der Pflanzenphysiologie zur Bauphysik

Grundsätzliche Überlegungen zur Ingenieurbiologie

From plant physiology to construction physics

KIRWALD (1969) spricht von schöpferischen Lebensleistungen von Lebewesen, die aus ererbtem inneren Leistungsvermögen entstehen. Diese Leistungen nennt er »Biotechnik«. Sie zu leiten und zu lenken ist die Aufgabe. Es ist bekannt, daß Pflanzen durch Wurzelsekretion Assimilationsprodukte wie z. B. Aminosäuren, Produkte des Sekundärstoffwechsels, wie z. B. Wuchsstoffe, Hemmstoffe, Amine und anderes ausscheiden (LARCHER 1973). Durch Wurzelausscheidungen entsteht im Boden aus Einzelkorn Aggregatgefüge (CZECH 1980), aus kohäsionslosen Böden entstehen solche mit teilweise sehr hohen Kohäsionswerten.

NASSIV (1965) untersuchte den Einfluß organischer Bestandteile auf die physikalischen Eigenschaften, insbesondere auf die Scherfestigkeit bindiger Böden. Dazu wurde Tonen Proteine und Mikroorganismen, wie Pseudomonad-Bakterien, Lacto-Bazillen und Hefezellen zugegeben. Das Ergebnis war, daß der Winkel der inneren Reibung durch Proteine vergrößert, durch die Mikroorganismen verkleinert wurde. Die Kohäsion wurde jedoch sowohl nach Protein-, als auch nach Mikroorganismen-Zugabe verbessert.

SIEDECK (1965) hat durch Modelluntersuchungen und analytische Rechnungen festgestellt, daß eine durchwurzelte, auf der Böschung wie ein Böschungspflaster aufliegende Schicht die Standsicherheit einer Böschung erheblich erhöht.

SCHAARSCHMIDT (1974) hat den Verlauf von Gleitfugen (bei Böschungsbruch) bei verschiedenen Einbindetiefen an einem mit imitierten Buschlagen versehenen Modell untersucht. Er kommt dabei zu dem Ergebnis, daß bei einer Einbindetiefe von 20 cm die Gleitfuge, die unverbaut bei 15 cm lag, sich nunmehr erst bei 30 cm einstellt (Abb. 1).

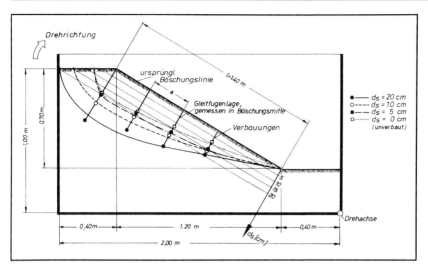

is held together by the adhesion characteristics of the rooting systems. The profusion of twigs created by a "living slope cover" transmutes energies by breaking down eddying movements, reduces speed of flow, and protects such embankments from damage.

Abb. 1: Gleitfugenverlauf bei verschiedenen Einbindetiefen des Buschlagenmodells (feuchter Sand) (nach Schaarschmidt/Konecný 1971 in Schaarschmidt 1974)

Weiter hat er mit Hilfe des gleichen Kippmodells nachgewiesen, daß ein erhöhter Böschungswinkel abhängig ist von der Einbindetiefe der Buschlage, ihrem Einbindewinkel und dem Abstand zwischen den einzelnen Lagen (Abb. 2).

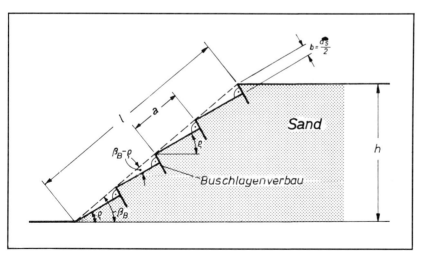

Abb. 2: Einfluß der Verbauungsrichtung auf die Standsicherheit von Sandböschungen c) Verbauung waagerecht, d) Verbauung lotrecht zum Reibungswinkel φ (nach Schaarschmidt/Konecný 1971 in Schaarschmidt 1974)

Wenn man den Durchmesser einer Weidenrute (20 Stück je lfm Buschlage) bei 2,5 m Länge mit 2 cm ansetzt, dann ergibt sich ein Umfang von 6 cm. Bei 20 Ruten also eine Umfangssumme von 1,2 m. Bei 1,5 m Einbindetiefe (bei einer Rutenlänge von 2 m) ergibt sich eine Mantelfläche von 1,8 m², an der sich bei Belastung Haftreibung aufbauen kann (VIDAL 1966).

Abb. 3: Darstellung der wirksamen
Parameter zur Bestimmung der
Verbundwirkung von Armierungs-
ebenen (nach Vidal 1966 in
Schaarschmidt 1974)

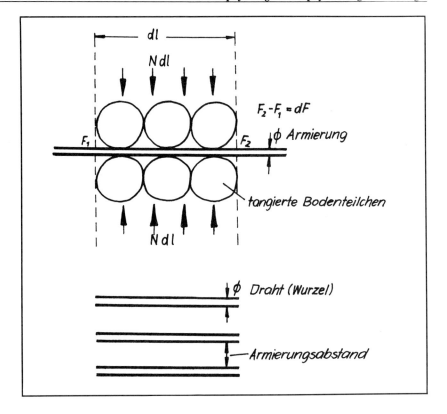

Was bedeutet das – Erhöhung der Kohäsion durch Wurzelausscheidungen, Erhöhung des Winkels der inneren Reibung durch Einbinden
lebender Pflanzanteile in den Boden, Ausnutzung der Haftreibung an
der Mantelfläche von Wurzeln mit besonderer Zugfestigkeit?

Nun – homogene Schwergewichtsbauwerke – Stützmauern, wie Deck-
werke – unterliegen, was ihre Standsicherheit angeht, in ihren Abmessungen der jeweiligen Größe der auf sie einwirkenden horizontalen und
vertikalen (kinetischen) Kräfte. Die Standsicherheit ist erreicht, wenn
die Resultierende innerhalb des Bauwerkes verbleibt.

Andere Bauwerke – Raumgitterkonstruktionen aus Holz oder Stahl-
betonfertigteilen, Haftreibungsbauwerke u. a. – auch ingenieurbiologische Bauweisen – unterliegen denselben Gesetzmäßigkeiten.

Deren wichtigste Bestandteile sind:

γ = Wichte des Bodens (KN/m^2)

φ = der Winkel der inneren Reibung (Altgrad)

c = die Kohäsion (MN/m^2)

Sind diese Werte bekannt, so läßt sich daraus ein Rechenansatz ableiten.

Das »Leiten und Führen« im Kirwald'schen Sinne bedeutet also, die schöpferischen Lebensleistungen – besonders von pflanzlichen Lebewesen im technischen Sinne zu nutzen.

Das Herbeiführen von Aggregatgefüge und damit von Kohäsion, d. h. das bodenmechanische Verbessern von Böden fordert komplexes Denken und Handeln. Die auslösenden Wurzelabsonderungen sind Assimilationsprodukte. D. h., um in den Genuß der geschilderten bodenmechanischen Vorteile zu gelangen, muß möglichst große Assimilationsmöglichkeit, also Blattoberfläche, geschaffen werden. Das beste Beispiel dafür ist ein stufig aufgebauter Laubwald mit hohem Überdeckungsgrad (Blattoberfläche je m^2 Bodenfläche) und mäßiger Helligkeitsabnahme vom Kronenraum zum Boden.

Anders liegen die Verhältnisse im Hochgebirge, wo die Pflanzen fast keine Wurzelausscheidungen produzieren, aber 80 – 90 % ihrer Stoffproduktion in die unterirdische Triebmasse einbringen (LARCHER 1973). Hier begegnen wir dem zweiten Phänomen im Wechselspiel zwischen Pflanzenphysiologie und Bauphysik, dem Aufbau von Haftreibung an der Mantelfläche von Wurzeln.

Seit Generationen ist bekannt, daß durchwurzelte Böden an Steilhängen weniger rutschgefährdet sind als vegetationslose. SCHIECHTL (1971) entdeckte, daß in Steillagen Pflanzen ihre Wurzeln entgegen der Richtung der Kräfteresultierenden, also hangaufwärts, ausbilden. STINY (1947), SCHIECHTL (1975) und HILLER (1968) untersuchten die Zugfestigkeit von Wurzeln, 2 – 3 mm $\varnothing$, 2 Jahre alt. Das Ergebnis:

Ackerquecke, Agropyron repens,   1,6 MN/m^2
Luzerne, Medicago sativa,   4,6 MN/m^2
Bruchweide, Salix fragilis,   1,8 MN/m^2
Grauweide, Salix elaeagnos,   1,5 MN/m^2

Die Durchschnittswerte aller Untersuchungen liegen bei etwa 250 kp/cm^2. Dieser Wert wird erst durch den Vergleich mit DIN-Werten interessant:

Bauholz Güteklasse I   10 MN/m^2
Stahl   100 MN/m^2

Entscheidendes Merkmal für die Kombination von Pflanzen und Boden zum Zwecke bauphysikalischer Ergebnisse ist, daß diese Pflanzen mit ihren unterirdischen und oberirdischen Teilen sich in einem optimalen Lebenszustand befinden. Um das zu erreichen, benötigen Pflanzen – variierend nach ihrer Art und Herkunft

– eine ausreichende Bodendurchlüftung,
– ein ausreichendes Wasserangebot,
– mittlere – hohe Bodenaktivität,
– ein ausreichendes Nährstoffangebot,

– eine ausreichende Sorptionsfähigkeit und
ein neutraler pH-Wert.
Soweit diese Werte beim anstehenden Boden nicht erreicht werden,
ist der Boden durch Ionenaustausch, durch Kieselsäurebehandlung,
Zuführung von Beischlagstoffen aufzubereiten oder ist völlig auszu-
tauschen.

Die bodenmechanischen Kennwerte werden dadurch nicht berührt.
Sie erfahren erst dann eine Beeinträchtigung, wenn die Stoffwechsel-
kreisläufe unterbrochen oder aber durch Fehler in der Planung oder
durch äußere Einflüsse verändert werden. Wenn z.B. die abgestorbe-
nen Pflanzenteile der gesunden Vegetation nicht über Verwesung und
Humusbildung zur Regeneration beitragen, dann können durch Fäulnis
möglicherweise Rutschebenen entstehen.
Uferdeckwerke unterliegen – was ihre »Schürffestigkeit« angeht – in
ihren Abmessungen den i.d.R. tangential auf sie einwirkenden dynamischen Kräften. Alle Bauweisen – Bruchstein oder Betonmauern, Pflasterungen, Steinsatz, Rollungen u.a. – aber auch ingenieurbiologische
Bauweisen haben den gleichen Gesetzmäßigkeiten zu folgen. Die wich-
tigsten Bestandteile dieser Kräfte sind:
v   = Fließgeschwindigkeit
R   = hydraulischer Radius (Sohlbreite + Uferhöhe + Wasserspiegel-
       breite)
I   = Sohlgefälle
Die daraus ermittelten Werte erlauben die Abschätzung der Eignungs-
grenzen der einzelnen Bauweisen.
Die rechnerische Fließgeschwindigkeit wird bei natürlichen offenen
Gerinnen um die Größe des Rauhigkeitsbeiwertes k reduziert. Messun-
gen dazu unternahm FELKEL (1960) nach einem Konzept von
KIRWALD an einem Modell mit Weidensteckhölzern. Das Ergebnis
ist im wesentlichen: Die Fließgeschwindigkeiten werden in Bachgerin-
nen mit bis zu 2 m Sohlbreite im ganzen Querschnitt verringert. In unmittelbarer Nähe der bewachsenen Böschungen beträgt die Geschwin-
digkeitsverminderung bei 1 $^0/_{00}$ Gefälle 60 %, sie fällt in 30 cm Entfernung auf 10 % und beträgt im Mittel 5 % für die restliche Breite von
0,5 – 2 m. In Böschungsnähe wird die Geschwindigkeit am meisten, bis
auf 0, herabgesetzt. Damit ist der Nachweis erbracht, daß durch die
Minderung der Fließgeschwindigkeit durch Weiden-Ruten-Mäntel
gefährdete Ufer komplett geschützt werden können.
Von ganz anderer Seite her werden diese Erkenntnisse untermauert.
Das Institut für Baumaschinen und Baubetrieb an der RWTH Aachen
ermittelte den Schürfwiderstand W_s, der beim Schürfen von Boden an
der Schneide der Schaufel einer Schubraupe entsteht. Dabei wird unter-

schieden zwischen rolligem Boden, bindigem Boden und Gewebeboden. Unter Gewebeboden wird ein durchwurzelter Boden verstanden. Der Schürfwiderstand wird beim Gewebeboden um den Gewebewert k_g erhöht. – Er dient der Kennzeichnung der relativen Festigkeit, die durch Wurzelwerk im Boden verursacht wird. Der Grad der Verfilzung wird durch die Zugkraft gemessen, die erforderlich ist, um eine Meßharke durch die Probe (Grundfläche 10 x 20 cm) eines Gewebebodens zu ziehen.

Im allgemeinen gilt für den Beiwert k_g:

0 – 5	= sehr lockeres Gewebe	(z.B. Rasenansaat)
5 – 15	= lockeres Gewebe	(Uferbepflanzung)
15 – 30	= mäßig festes Gewebe	(gesicherte Pflanzung)
30 – 50	= festes Gewebe	(Weidenspreitlage)
50 – 70	= sehr festes Gewebe	(hölzerne Krainerwand mit Heckenbuschlage)

Im Umkehrschluß lassen sich daraus Werte für die Schürffestigkeit von Uferdeckwerken ermitteln, indem man als Schubraupenkraft den Anströmdruck (gemessen mit Staurohr, oder Prallplatte und Federwaage) – auf den Anströmwinkel (z.B. 30°) reduziert einsetzt und den Gewebebeiwert den ingenieurbiologischen Bauweisen zuordnet.

Bei Anwendung der MANNIG-STRICKLER'schen Geschwindigkeitsformel kommt MESZMER (1977) zu einem modifizierten Ansatz des benetzten Umfangs und einer Differenzierung des Rauhigkeitsbeiwertes k_s entsprechend dem Gerinnebewuchs und der mittleren Geschwindigkeit im unbeholzten Profil. Waldbestandene Profile berechnet er dreiteilig. Anhand einer Naturstrecke mit einem Schreibpegel konnte er bei bekannten HW/HQ-Bezugskurven Parameter zurückrechnen, die Werte für verschiedene Wassertiefen und Fließgeschwindigkeiten für einen Durchkämmungsfaktor, Belaubungsfaktor und einen Vollverkrautungsfaktor erkennen lassen.

Hinsichtlich der Schürffestigkeit der Deckwerte interessiert hier nur die partielle Fließgeschwindigkeit im Uferbereich. Bei eigenen Abflußmessungen in einer Naturstrecke (24 m Wasserspiegelbreite, 1,60 m tiefste Wassertiefe) wurde im Rutenmantel eines ingenieurbiologischen Uferdeckwerkes eine Reduktion von 3,5 m/s auf 0,6 m/s festgestellt.

Die Unterwasserzone ist ohne Zweifel der am stärksten belastete Teil des Profils. Die erodierend wirkenden Kräfte Auftrieb, Erddruck, Schleppkraft, Strömung u.a. überlagern sich besonders ungünstig im Knickpunkt zwischen Gewässersohle und Böschung. Durch Lebendverbau, oder – bei Tiefen unter 0,6 m – durch kombinierten Lebendverbau wird hier eine wirksame Manschette geschaffen, die diesen kritischen Bereich zusammenhängend abdeckt und schützt. Hier ist es wieder die Wurzelbildung, die im Wasser mit völlig anderen Strukturen

»Filter« ausbildet und Schwebstoffe zum Sedimentieren zwingt. Solche zusammenhängenden Wurzel-Manschetten sind u. a. aus ca. 50jährigen Austrieben aus lebenden Weidenflechtzäunen am Elspebach in Lennestadt ebenso bekannt, wie aus Weidenspreitlagen und natürlichen Baumweidenvorkommen (z. B. Hundembach in Altenhundem).

Die aufgezeigten Beispiele lassen erkennen, was KIRWALD (1971) gemeint hat mit den Standortsveränderungen durch das »Da«-sein der Pflanzen mit ihren Lebensrhythmen (Wachsen-Wurzeln-Fruchten) und was SCHIECHTL (1975) versteht unter dem ökologisch-technischen Wirkungskomplex.

Literatur

FELKEL, K. (1960): Gemessene Abflüsse in Gerinnen mit Weidenbewuchs. Mitteilungsblatt der Bundesanstalt für Wasserbau. Karlsruhe.

HILLER, H. (1968): Beitrag zur Beurteilung und Verbesserung biologischer Methoden im Landeskulturbau. Diss. TU Berlin. D 83. Nr. 206.

KIRWALD, E. (1960): Forstliche Wasserhaushaltstechnik im Schwarzwald. Jahresbericht Dt. Forstverein 1960. Bonn-Duisdorf.

KIRWALD, E. (1971): Steuerung des Wasserumlaufes durch Wald und Talsperren (Hydronomie). Interpraevent Klagenfurt, Villach.

LARCHER, W. (1973): Ökologie der Pflanzen. Stuttgart.

MESZMER, F. (1977): Naturnaher Bau von Fließgewässern – Ingenieurbiologische Maßnahmen bei Rekultivierungsverfahren. Bund Deutscher Landschaftsarchitekten. Nr. 20.

NASSIF, A. M. S. (1965): Der Einfluß organischer Bestandteile auf die physikalischen Eigenschaften, insbesondere auf die Scherfestigkeit bindiger Böden. Dissertation. München.

SCHAARSCHMIDT, G. (1974): Zur ingenieurbiologischen Sicherung von Straßenböschungen durch Bewuchs und Lebendverbau. Dissertation. Aachen.

SCHIECHTL, H. M. (1975): Sicherungsbauweisen im Landschaftsbau. München.

SIEDECK, P. (1965): Böschungssicherung. Straßen- und Tiefbau 6. 1965. Seite 696 – 699.

STINY, J. (1947): Die Zugfestigkeit von Pflanzenwurzeln. Vom Verfasser an Professor Dr. H. M. Schiechtl übermittelte Separat-Abschrift.

VIDAL, M. (1966): La terre armée. Annales de l'Institut Technique du Bâtiment et des Travaux publics. Nr. 223 – 224.

Personalia

Wolfram Pflug

Laudatio zur Verleihung der Würde eines Doktors der Ingenieurwissenschaften ehrenhalber an Professor Dr.-Ing. Eduard Kirwald

Tribute to Professor Dr.-Ing. Eduard Kirwald on the occasion of his being honoured with a Doctorate in Engineering Sciences

Vorbemerkung des Herausgebers

Die Technische Hochschule Aachen verlieh am 20. Juni 1980 die Würde eines Doktors der Ingenieurwissenschaften ehrenhalber (Dr.-Ing. E. h.) an Herrn Professor Dr.-Ing. Eduard Kirwald aus Freiburg im Breisgau. Die Ehrung erfolgte, so der Text der Urkunde, »in Würdigung seiner hervorragenden Leistungen auf den Gebieten der Ingenieurbiologie, Waldwirtschaft an Gewässern, forstlichen Wasserhaushaltstechnik und Landschaftspflege, die den naturnahen Wasserbau und das Wissen um die Zusammenhänge zwischen Bodennutzung in den Einzugsgebieten von Talsperren, dem Abflußverhalten ihrer Fließgewässer und deren gesicherte Einbindung in die Landschaft entscheidend förderten«. Die Laudatio, die nachstehend wiedergegeben wird, hielt Professor Wolfram Pflug, Inhaber des Lehrstuhls für Landschaftsökologie und Landschaftsgestaltung der Technischen Hochschule Aachen.

Lieber Herr Kollege Kirwald, Magnifizenz, meine Damen und Herren! Vor einundzwanzig Jahren standen in einem Zeitungsbericht, verfaßt von einem Forstmann aus dem Schwarzwald, folgende Sätze: »Bei unserer ersten Exkursion in den Harz war es. Man schrieb das Jahr 1948. Wir standen im depressiven Bann der Franzosenhiebe. Und sahen und erlebten nun den von der englischen Besatzungsmacht »gezehnteten« Harz ...

Zusammenfassung:
In der Laudatio werden die Arbeiten von Professor Kirwald in der Ingenieurbiologie, im naturnahen Wasserbau, in der Waldwirtschaft an Gewässern, der forstlichen Wasserhaushaltstechnik und der Landschaftspflege gewürdigt. Es wird hervorgehoben, daß Professor Kirwald auf dem Grenzgebiet zwischen Ingenieurwesen, Wasserbau und Wasserwirtschaft auf der einen und Forstwirtschaft, Waldbau, Biologie, Landschaftsökologie und Landschaftspflege auf der anderen Seite außergewöhnliche wissenschaftliche und schöpferische Leistungen vollbracht hat. In der ihm eigenen mitreißenden Art regte er bereits vor mehr als drei Jahrzehnten zur Berücksichtigung der Natur bei allen Eingriffen in den Wasserhaushalt der Landschaften und der Fließgewässer an. Seine Gedanken und Arbeiten finden Gehör und Nachahmung weit über die Grenzen unseres Landes hinaus.

Summary:
In this tribute, the work done by Professor Kirwald in biological engineering, in naturalistic water engineering, forest culture alongside waters, forestry in water conservation methods, and landscape cultivation is honoured. Stress is laid on Professor Kirwald's having achieved exceptional scientific and productive success in areas linking the fields of engineering, water engineering and water economy on the one hand; and forestry, silviculture, biology, landscape ecology and landscape cultivation on the other. He has already infected us with his own enthusiasm on the subject of respect and consideration for Nature in the manipulation of the landscape in water conservation and of running waters, for more than ten decades. His theories and work receive attention and stimulate emulation in countries far beyond the borders of our own.

Ehrenpromotion von Professor Dr.-Ing. Eduard Kirwald am 20. 6. 1980 an der Rheinisch-Westfälischen Technischen Hochschule Aachen. Von links: Professor Pflug, Forstdirektor Kirwald, Frau Kirwald, Frau von Schroeder, Professor Dr.-Ing. Kirwald, Professor Dr. phil. Urban, Rektor der Technischen Hochschule Aachen und Professor Dr.-Ing. Leins, Dekan der Fakultät für Bauwesen.

Da waren wenigstens die vorgezeigten Wasserbauten und Bachverbauungen etwas Erfreuliches. Ein Professor Kirwald führte sie vor. Und wie! Lebhaft, farbig, überzeugend. Zum Teufel mit der Beton- und Steinverbauung, wir wollen Grünverbauung! hörten wir zum erstenmal. Wir waren Feuer und Flamme! Das wäre was für unseren Schwarzwald! – Tief beeindruckt und voller Anregungen gingen wir«.

Mit diesen Worten beschreibt der Verfasser dieses Berichtes seine erste Begegnung mit Professor Kirwald. Und ähnlich könnten viele ihre erste Begegnung mit diesem Mann beschreiben, überrascht von seinem Schwung, seinem Können und seinem Einsatz für eine naturnahe Wasser- und Waldwirtschaft und einen naturnahen Wasserbau.

Und nun seine Worte, zitiert aus seinem 1976 erschienenen Buch über Gewässerkundliche Untersuchungen und landschaftliche Grundausstattung von Einzugsgebieten: »Zusammenfassend kann festgestellt werden, daß eine Landschaft dann die Bezeichnung »Kulturlandschaft« verdient, wenn sie weder einen »Wildwuchs«, eine sich selbst überlassene Naturlandschaft anstrebt, noch auf reinen stofflichen Nutzen oder Erwerb mit hoher augenblicklicher Rendite hin entwickelt wird, noch auch ein lebenswidriges ödes Kunstgebilde ohne belebende Grundbestandteile ist, die ja zur Stärkung der inneren eigenen Widerstandskräfte beitragen, denn »die Elemente hassen das Gebild von Menschenhand« um so mehr, je weiter es sich von der Natur entfernt.«

Eduard Kirwald entstammt einer alten Forstmannsfamilie. Er wurde am

10. August 1899 als Sohn eines Privatforstmeisters in Mähren geboren.
Erste Anstöße zu seiner späteren fachlichen Tätigkeit erfuhr er schon
daheim als Junge, indem er dem Vater bei der Sicherung eines Wild-
baches gegen Hochwasserschäden mit einfachen Mitteln wie Rauhbäumen, Krainerwänden, Besteck und Bepflanzung mit Weiden und Erlen
helfen mußte.

1922 erwarb er das forstliche Hochschuldiplom an der Hochschule für
Bodenkultur in Brünn, legte 1926 die Staatsprüfung für den höheren
technischen Forstdienst in Prag ab, promovierte 1930 und bestand im
gleichen Jahr die Staatsprüfung für das höhere forstliche Lehramt in Prag.
Von 1923 bis 1924 im Dienst des regierenden Fürsten von Liechtenstein
wird Eduard Kirwald für achteinhalb Jahre Gebietsbauleiter bei der forst-
technischen Wildbachverbauung in Mähren. Von diesem Zeitpunkt an,
vor nunmehr 55 Jahren, beginnt sein Einsatz für die »Heilung der Landschaft als Ganzes«, ausgehend von der biologisch-ingenieurmäßigen und
bald darauf ökologisch-ingenieurmäßigen Behandlung der Fließgewässer, des Gewässernetzes und der Einzugsgebiete. Die ständige Beobachtung der Vegetationsdecke und des »Adernetzes« der Landschaft führten
in bald zu der Überlegung, zur Sicherung der Ufer von Fließgewässern
Pflanzenverbände einzusetzen. Diese Erkenntnis machte eine tiefe wissenschaftliche Durchdringung des bis zu diesem Zeitpunkt mehr hand-
werksmäßigen Handelns beim Ausbau von Gewässern mit Hilfe lebender
Bauelemente notwendig. Und so zeichnet Kirwalds Arbeiten von Anfang
an eine hervorragende handwerkliche und zugleich wissenschaftliche
Beherrschung der einzusetzenden lebenden und toten Baustoffe zur
Sicherung der Ufer und zur Einfügung des dynamischen Elementes Wasser in die Kulturlandschaft aus. Diesem seinem Streben diente der von
ihm bereits Ende der zwanziger Jahre eingeführte Begriff »Biotechnik«,
unter dem er die Leistung der Pflanzen aus ererbtem Vermögen, ihre an-
geborene Widerstandskraft z. B. gegen den Angriff des Wassers, verstand. In den dreißiger und vierziger Jahren wies er immer wieder darauf
hin, diese Leistungen der Organismen und der Organismengesellschaften
bewußt, aber behutsam so zu lenken, daß auf diese Weise die Natur selbst
zur Behebung von Störungen und zur Vorbeugung gegen Schäden optimal und nachhaltig eingesetzt werden kann. Schon früh bezeichnete er
diese Arbeiten, mittels Pflanzen und Pflanzenverbänden zur Sicherung
des menschlichen Lebensraumes beizutragen, als »Vegetationsmaßnahmen«. Etwa 10 Jahre später, Mitte der dreißiger Jahre, tritt sein Kollege
Keller in Österreich mit dem heute noch verwendeten Begriff »Lebendverbau« an die Öffentlichkeit.

In seiner ersten Lehrtätigkeit als Professor und, ab 1937, als Direktor der
Deutschen Höheren Forstlehranstalt in Reichstadt stehen Waldwirtschaft und Wasserhaushaltstechnik sowie Wildbachverbauung im Mittel-

punkt seiner Arbeiten. 1939 führt ihn ein Lehrauftrag über forstliche Wasserhaushaltstechnik an die Forstliche Fakultät der Technischen Hochschule Dresden in Tharandt. 1941 wird Kirwald zum ordentlichen Professor berufen und zum Direktor des Instituts für Forstliches Ingenieurwesen und Wildbachverbauung an der Forstlichen Fakultät in Tharandt sowie zum Leiter der gleichnamigen Abteilung der Sächsischen Forstlichen Versuchsanstalt in Dresden ernannt. Zugleich war er Leiter der Gruppe Wasserwirtschaft, Wildbach- und Lawinenverbauung des Reichsforstamtes in Berlin mit dem Sitz in Wien und der auf seinen Antrag in Wien errichteten gleichnamigen Foschungsstelle mit dem besonderen Auftrag, diesen Dienstzweig auf die biologische Arbeitsrichtung umzustellen. Erinnern wir uns: etwa zur gleichen Zeit wurde beim Generalinspektor für das Deutsche Straßenwesen die Forschungsstelle für Ingenieurbiologie eingerichtet, mit der die Namen von Baudirektor Dr.-Ing. E. h. Lorenz und Forstdirektor von Kruedener eng verbunden sind.

In dieser Zeit entwickelt Kirwald, bereits auf mehr als fünfzehnjährige praktische Erfahrungen fußend, das Lehr- und Forschungsgebiet Wasserhaushaltstechnik, in dem er die Zusammenhänge zwischen den Standortfaktoren der Einzugsgebiete, der Waldwirtschaft, dem Wasserhaushalt und der Wildbachverbauung aufzeigt und Vorschläge zur Behandlung der Einzugsgebiete, zur Bewirtschaftung der Wälder, zur Einrichtung von Schutzwäldern und zur Verbauung der Fließgewässer sowohl auf ökologischer als auch auf ingenieurtechnischer Grundlage macht. Kirwald gehört damit zu den Wegbereitern, die darauf verweisen, den Wald nicht nur als Holzlieferant zu sehen und zu behandeln, sondern zugleich auch seiner landeskulturellen, vor allem auch wasserwirtschaftlichen, landschaftsökologischen und ingenieurbiologischen Bedeutung gerecht zu werden. Die Ergebnisse dieser Arbeit finden u. a. ihren Niederschlag in dem 1944 erscheinenden Buch über die »Grundzüge der Forstlichen Wasserhaushaltstechnik (einschließlich Wildwasserverbauung)«.

Nach Militärzeit und Gefangenschaft, aus denen er mit schweren körperlichen Schäden zurückkehrte, dem Verlust seiner Heimat und seiner gesamten wissenschaftlichen Unterlagen ging er mit ungebrochener Kraft daran, seiner Familie und sich eine neue Lebensgrundlage zu schaffen. Von 1946 bis 1949 war er als Landarbeiter, im Kunstgewerbe und als beratender Ingenieur tätig.

Als Sachverständiger für Forstingenieurwesen und Wildbachverbauung arbeitete Kirwald ab 1949 im Auftrag der niedersächsischen Forstverwaltung an der Wiederherstellung der Wildbäche des Harzes, die durch Hochwässer infolge Großkahlschlägen und ungeregeltem Holztransport schwere Schäden erlitten hatten. Hier entwickelte er die »Kombinierte Verbauung« weiter, in der lebende Baustoffe und technische, mechanische Bauwerke sich schon vom Ansatz, von der Planung her zu einem Ganzen ergänzen und eingesetzt werden. Das Verfahren nannte er bewußt, im Gegensatz zum bloßen technischen Ausbau, der Herausnahme des Gewässers aus seinen ökologischen Beziehungen, »gesicherte Einbindung von Gewässern in die Landschaft mit naturnahen Mitteln«. Das führte zu seinem Ausspruch »die beste Verbauung ist die unsichtbare, nämlich die eingewachsene«. Den gleichen Grundsätzen folgten seine Sanierungsvorschläge und -arbeiten im Sauerland und im Schwarzwald.

Die Bedeutung des von Kirwald angewandten naturnahen Gewässerausbaues wurde auch von der Wasserwirtschaftsverwaltung des Regierungspräsidenten in Aachen erkannt. Bereits in den fünfziger Jahren beauftragte ihn das Wasserwirtschaftsamt Aachen mit dem naturnahen Ausbau eines Abschnittes der Rur im Bereich ihrer Mündungsstrecke.

Der Ingenieur und Biologe Kirwald entwickelte bekannte Bauweisen und Verfahren des naturnahen Wasserbaues fort und erfand neue hinzu, Bauweisen, die heute Allgemeingut des biologischen Wasserbaues sind und hier nur in Stichworten genannt werden können:

- der »Fußschutz« für Bäume im Abflußbereich des Hochwassers aus federndem, durchströmbaren Busch
- der Einsatz von »Höckerschwellen« und »Höckergurten« in schnell fließenden Gewässern im Rahmen des kombinierten Bachausbaues (in der Tschechoslowakei als »Kirwaldsche Höckerschwellen« untersucht und im Einsatz)
- die Unterscheidung von »Hilfsbauwerken« und »Behelfsbauwerken« im Lebendverbau
- die bereits erwähnte »kombinierte Verbauung« und
- der Einsatz von »Gewässerwäldern« als breite Schutzsäume entlang der Gewässer zur Wassereinhaltung und als Wasserinfiltrations- und Speicherraum.

Die aufgrund von empirischen Beobachtungen nicht stichhaltig genug zu widerlegenden Bedenken vieler Wasserbauingenieure, bei lebender Sicherung von Wasserläufen würden zu breite, also verschwenderische Abflußquerschnitte erforderlich sein, griff er auf. Nach seinen Anregungen und Vorstellungen wurden daraufhin an der Bundesanstalt für Wasserbau in Karlsruhe Ende der fünfziger Jahre Abflußmessungen in Gerinnen mit Weidenbewuchs im Maßstab 1 : 1 ausgeführt, in denen ein Teil der offenen Fragen geklärt werden konnte und seine Auffassungen überwiegend bestätigt wurden. Die Ergebnisse der von Felkel ausgeführten Untersuchungen stellen heute eine wesentliche Hilfe bei der Planung naturnaher Gewässerregulierungen dar.

Das besondere Interesse Kirwalds lag beim Aufbau und bei der Sanierung von Gewässerwäldern linear entlang der fließenden Welle und regional in den Einzugsgebieten bei ihren Auswirkungen auf den »zum

Teil unsichtbaren« Wasserkreislauf, den Bodenschutz, die Minderung
der Hochwasserschäden und die Selbstreinigungskraft der Gewässer.
Davon zeugen u. a. seine beiden, auch für den Laien lesenswerten Bücher
»Waldwirtschaft an Gewässern« (1955) und »Gewässerpflege« (1964).
Kirwald gilt in den deutschsprachigen Ländern und weit darüber hinaus
als der Altmeister des naturnahen Wasserbaues.

1949 stellt sich Professor Kirwald dem Ruhrtalsperrenverein für die Anordnung, Durchführung und Deutung von Abflußmessungen im Einzugsgebiet der Ruhr zur Verfügung. Erste Beratungen über den Einfluß der
Waldbestockung auf den natürlichen Wasserhaushalt des Sauerlandes
gingen auf das Jahr 1942 zurück. In den zu den wasserwirtschaftlich am
intensivsten beanspruchten Landschaften der Welt, von deren Wasserhaushalt nach wie vor die entscheidenden Grenzen für das Leben und die
Wirtschaft im Ruhrgebiet gesetzt werden, untersuchte Kirwald über 15
Jahre lang die Zusammenhänge zwischen der natürlichen Ausstattung
der Einzugsgebiete, den land- und forstwirtschaftlichen Nutzungsformen
und dem Wasserhaushalt. Es gelingt ihm, die für eine Talsperrenwirtschaft
wichtigen Voraussetzungen in den Einzugsgebieten, vor allem hinsichtlich der Wasservorratsbildung und der Ausgeglichenheit der Wasserab-
flüsse durch Relief, Gestein, Boden und Bewuchs, deutlich zu machen.
Seinen Untersuchungen sind neue, für eine Talsperrenwirtschaft wichtige
Erkenntnisse über die Bedeutung und Behandlung der Böden im Einzugsgebiet und die, vor allem ausgleichenden, Leistungen von Wäldern
bei unterschiedlichen Jahresniederschlagsverhältnisen, auch im Vergleich zu landwirtschaftlich genutzten Flächen, zu verdanken. Zum ersten
Mal sind damit auf der Grundlage experimenteller Untersuchungen alle
wesentlichen, für ein von der Wasserwirtschaft stark in Anspruch
genommenes Einzugsgebiet zu beachtenden landschaftsökologischen,
landeskulturellen und ingenieurtechnischen Aufgaben (u. a. solche der
Bodenkultur, der Landwirtschaft, der Forstwirtschaft, der Wasserwirtschaft, des Wasserbaues, des Naturschutzes, der Schon-, Schutz- und
Bannwälder, der Raumordnung, des Verkehrsnetzes und der bebauten
Flächen) aufgezeigt worden. Trotz mancher Vorläufer gibt es kein ver-
gleichbares Werk. Kirwalds Arbeiten und Erkenntnisse haben u. a. in drei
Büchern ihren Niederschlag gefunden (über Wald und Wasserhaushalt
im Ruhrgebiet 1955, Wasserhaushalt und Einzugsgebiet 1969 (zwei
Bände), Gewässerkundliche Untersuchungen und landschaftliche
Grundausstattung von Einzugsgebieten 1976). Heute ist eines der aktu-
ellsten Themen hydrologisch-wasserwirtschaftlicher Forschung die
Untersuchung des Einflusses der Bodennutzung auf die hydrologischen
Prozesse. Denn die Sicherung der Fließgewässer beginnt bereits bei
der Art der Nutzungen im Einzugsgebiet. Diesem Aufgabegebiet hat
Kirwald sein ganzes berufliches Leben gewidmet. Er gehört zu den

Begründern der Forsthydrologie.

Im Jahr 1953 übernahm er die Leitung der Abteilung für Wasserhaushaltstechnik und Forstliches Ingenieurwesen der Baden-Württembergi-
schen Forstlichen Versuchsanstalt, die er nach seiner Emeritierung 1969
ehrenamtlich bis 1973 leitete, davon 6 Jahre lang als Einmannbetrieb.
Mit seiner Tätigkeit an dieser Versuchsanstalt klang seine Forschertätig-
keit langsam aus, die über dreißig Jahre vorher zwischen 1927 bis 1932 an
forstlich-hydrologischen Forschungsstellen in den mährischen Karpaten
begann und in der von ihm geleiteten Forschungsstelle für Wasserhaushalt, Wildbach- und Lawinenverbauung in Wien während des Krieges mit
18 ehrenamtlichen Mitarbeitern und 20 Forschungsvorhaben fortgesetzt
wurde.

Professor Kirwald hat seine praktische und wissenschaftliche Tätigkeit,
seine Lehrmethoden, Erfahrungen und Forschungsergebnisse in 12 Büchern, 6 Beiträgen zu Sammelwerken, über hundert Arbeiten in Fachzeitschriften und 50 Gutachten niedergelegt. Von 1957 bis 1966 war er Lehr-
beauftragter für Forstliche Wasserhaushaltstechnik und Landschaftspflege an der Universität Freiburg. Ihm verdanken unzählige Forstleute,
Wasserbauingenieure, Landwirte und Fachleute des Naturschutzes und
der Landschaftspflege aus dem In- und Ausland ihren Einblick und ihre
ersten Kenntnisse in die Zusammenhänge zwischen Pflanzenbeständen,
Fließgewässern und Uferschutz, zwischen biologischem und technischem
Wasserbau, zwischen Talsperrenwirtschaft, Gewässer-, Boden- und
Waldpflege.

An seinen Bauwerken und in seinen sanierten Einzugsgebieten im Harz,
im Sauerland oder im Schwarzwald standen Österreicher, Schweizer,
Franzosen, Amerikaner, Chinesen, Phillipinos, Afrikaner, Inder sowie
Studiengruppen der FAO und der UNO. In einer unübersehbaren Zahl
von Vorträgen (unter anderem auch in Rom, Budapest, Athen und Wien)
versuchte Kirwald in der ihm eigenen mitreißenden Art Verständnis für
seine Arbeit und Helfer zu finden.

Professor Kirwald ist Gründungsmitglied der Gesellschaft für Ingenieur-
biologie und war Vorstandsmitglied der Schutzgemeinschaft Deutscher
Wald und des Vereins Deutscher Gewässerschutz, Präsident der Sektion
Deutschland des Weltbundes zum Schutze des Lebens, Mitglied des Bei-
rates der Landesstelle für Naturschutz und Landschaftspflege des Landes
Baden-Württemberg sowie Vertreter der Bundesregierung bei der
Arbeitsgruppe Wildbachverbauung, Lawinenschutz und Wasserhaus-
haltstechnik bei der FAO in Rom.

1958 überreichte ihm die Schutzgemeinschaft Deutscher Wald ihre
Ehrennadel. 1972 wurde er mit der Peter-Josef-Lenné-Medaille in Gold
des Europapreises für Landespflege der Johann-Wolfgang-von-Goethe-
Stiftung zu Basel ausgezeichnet. Vor einem Jahr verlieh ihm die Sudeten-

deutsche Landsmannschaft für seine Verdienste um Wissenschaft und
Forschung die Ritter-von-Gerstner-Medaille. Franz Joseph Ritter von
Gerstner war Techniker und ist Begründer der ersten deutschen Techni-
schen Hochschule, dem 1806 errichteten Polytechnischen Institut zu
Prag.

Professor Kirwald hat auf dem Grenzgebiet zwischen Ingenieurwesen,
Wasserbau und Wasserwirtschaft auf der einen und Forstwirtschaft,
Waldbau, Biologie, Landschaftsökologie und Landschaftspflege auf der
anderen Seite außergewöhnliche wissenschaftliche und schöpferische
Leistungen vollbracht. Dabei kam ihm neben seinem Können in seinem
eigentlichen Fachgebiet seine Fähigkeit zugute, sich in auseinanderlie-
gende Spezialgebiete einzuarbeiten und diese zu einem Ganzen zu ver-
binden. Professor Hilf kennzeichnete diese Fähigkeit zum 70. Geburts-
tag von Professor Kirwald mit folgenden Worten: »Seine Leistung ist ein
gutes beweisendes Beispiel dafür, daß nicht in der Spezialisierung auf
ein eng begrenztes Gebiet der Fortschritt der Wissenschaft beruhen muß,
das dann immer zahlreichere unverbundene Einzelheiten fördert, sondern in der Fähigkeit, Kenntnisse aus mehreren Gebieten schöpferisch zu
verarbeiten«.

Kirwalds Werk hat für unsere Zeit, in der wir dringend Verfahren und
Methoden sowie die enge Zusammenarbeit zwischen allen beteiligten
Disziplinen benötigen, große und beispielhafte Bedeutung. In seinem
Werk sind auch zugleich die Gemeinsamkeiten zwischen Bauingenieur-
wesen, Wasserwirtschaft, Wasserbau, Waldbau, Forstwirtschaft,
Landschaftsökologie, Naturschutz und Landschaftspflege sichtbar ge-
worden.

Die praktische und wissenschaftliche Arbeit von Professor Kirwald ist
über 50 Jahre lang das Hohelied von dem Versuch eines Mannes, die Eingriffe des Menschen in die Natur und die Leistungsfähigkeit des Natur-
haushaltes auf den Nenner zu bringen, der die Natur nicht überfordert
und dem Menschen zeigt, wie er sie sinnvoll für seine Zwecke einsetzen
kann.

Verzeichnis der Veröffentlichungen von Professor Dr.-Ing. Dr.-Ing. E. h. E. Kirwald

Quelle:
Der Forst- und Holzwirt.
14. Jg. Nr. 18 vom 16. 9. 1959
mit Nachtrag

A. Bücher

1. Grundzüge der Forstlichen Wasserhaushaltstechnik (einschl. Wildbachverbauung). Neumann, Neudamm 1944.
2. Wald und Technik. Studienführer. Carl Winters Univers. Verlag, Heidelberg 1944.
3. Forstlicher Wasserhaushalt und Forstschutz gegen Wasserschäden. Eug. Ulmer, Stuttgart 1950.
4. Lebendbau und Gewässerpflege. Landbuch Verlag, Hannover 1951.
5. Wald und Wasser. Schutzgemeinschaft Dt. Wald, Essen 1952.
6. Waldwirtschaft an Gewässern. Wirtsch. u. Forstverlag, Euting, Neuwied a. Rh. 1955.
7. Über Wald und Wasserhaushalt im Ruhrgebiet. Forschungsbericht 1951 – 1953. Kommiss. Verlag Classen, Essen 1956.
8. Heilung von Bodenwunden. Schriftenr. d. Landesforstverwaltg. B. 3. E. Ulmer, Stuttgart 1958.
9. Die Einbindung von Wasserläufen in die Landschaft und ihre Sicherung mit naturnahen Mitteln. Minist. f. Ern., Landw. u. Forsten, Düsseldorf 1959.
10. Gewässerpflege. Bayer. Landwirtsch. Verlag, München 1964.
11. Wasserhaushalt und Einzugsgebiet. Gewässerkundliche Untersuchungen im Einzugsgebiet der Ruhr 1951 bis 1965. 2 Bände. Vulkan-Verlag Dr. W. Classen, Essen 1969.

B. Beiträge zu Sammelwerken

12. Forst- und Holzwirtschaft. In: Wirtschaftsjahrb. d. Tschechoslowak. Rep. 1937/38, Prag 11.
13. Die Waldwertschätzung. In: Die Liegenschaftsschätzung des ländlichen Besitzes v. Baltz-Balzberg. O. Elsner, Wien, Berlin 1939.
14. Forstliche Wasserhaushaltslehre und Wildbachverbauung. In: Neudammer Forstl. Lehrb. 10. Aufl. 1942/44 u. 11. Aufl., Melsungen 1956.
15. Höckerschwellen im kombinierten Bachausbau. Mitt. Forstl. Versuchsanstalt B. XI/1, E. Ulmer, Stuttgart 1954.
16. Forstliche Sicherung unserer Gewässer. Minist. f. Ern., Landw. u. Forsten, Landesausschuß, Düsseldorf 1962.
17. »Der Wald« und »Aufforstung extremer Standorte«. In: Handb. f. Landschaftspflege u. Naturschutz v. Buchwald u. Engelhardt, Bd. II u. IV, Bayer. Landw. Verlag, München 1969.

C. Zeitschriftenbeiträge (Auszug)

Abkürzungen

AFZ = Allg. Forstztschr., München; CFW = Centralbl. f. d. gesamte Forstwesen; DFW = Der Deutsche Forstwirt; DWW = Deutsche Wasserwirtschaft; FA = Forstarchiv; FC = Forstwissensch. Centralblatt, München; FH = Forst und Holz, Hann.; GM = Gewässerkundl. Mitteilungen, Koblenz, Bundesanst. f. Gewässerkunde; GWF = Das Gas- u. Wasserfach, München; HZ = Holzzucht, Reinbek; SFJ = Sudentend. Forst- u. Jagdzeitung; TFJ = Tharandter Forstl. Jahrbuch; WAF = Wiener allg. Forst- u. Jagdztg.; WB = Wasser u. Boden, Hamburg; WW = Die Wasserwirtschaft; ZWF = Ztschr. f. Weltforstwirtschaft.

a) Wasserhaushaltstechnik, Forstl. Ingenieurwesen, Landschaftspflege
18. Wasserwirtschaftliche Aufgaben der Forstwirtschaft. SFJ 1930, 1–6.
19. Die Pflanzendecke und der Abfluß von Niederschlägen. SFJ 1936, 9.
20. Die Biotechnik im Dienste der Waldwirtschaft und Landeskultur. SFJ 1936 und Int. Bureau d'Agriculture Budapest, II. I. F. Kongr. 1936.
21. Die Biotechnik des Waldes. ZWF 1937, IV.
22. Forstliche Wasserhaushaltstechnik. TFJ 1939, 10.
23. Der Diplomforstingenieur als Techniker. DFW 1940, 67 – 68 und TFJ 1940, 7.
24. Forstliche Wasserhaushaltstechnik und Raumordnung. CFW 1940, 10.
25. Wald und Wasserhaushalt (Niederschlag und Abfluß im Laub- und Nadelwald). DWW 1941, 9 – 10.
26. Der Gebirgswald als Wasserstandsregler und Wasserspender. D. Gebirgsforst, Wien, Fromme, 1941, 5.
27. Forstliche Wasserhaushaltstechnik im Sudetenland. TFJ 1941, 11, 12.
28. Die Wälder – unsere Wassersparkassen. Intern. Holzmarkt, Wien 1942, 11, 12.
29. Forstliche Wasserhaushaltstechnik in gefährdeten Mittelgebirgslagen (Untersuchungen über Rutschungen und deren Bekämpfung). TFJ 1942, 9, 10.
30. Die Zusammenarbeit der Wildbachverbauung mit der allgemeinen Forstverwaltung. Vervielfältigt. Manuskript d. Verwaltg. Wien I, Luegerring 14.
31. Bekämpfung des Bodenabtrages und Regelung des Wasserhaushalts in Gebirgslagen. FC und TFJ 1944, 37.
32. Einflüsse der Waldbestockung auf den natürlichen Wasserhaushalt des Sauerlandes. Manuskr. gedr. f. Ruhrtalsperrenverein, Ruhrverband, Ruhrsiedlungsverband, Sauerländ. Gebirgsverein, Dt.

Heimatbund und Reichsforstamt Berlin, Essen und Berlin 1944.

33. Störungen des Wasserhaushalts im Harz, FH 1949, 14.
34. Lebender Uferschutz. Grünes Blatt, Wuppertal 1949, 10, 11.
35. Der Lebendbau. WB 1950, 4 – 6.
36. Beziehungen zwischen Forstwirtschaft und Landeskultur im Harz. AFZ 1950, 11.
37. Lebendbau und Landschaftspflege. WB 1950, 6.
38. Wildbachverbauung im Harz. Niedersächs. Erde, Min. f. E. L. F. Hannover 1950.
39. Kampf gegen Bodenzerstörungen und deren Heilung. Unser Wald 1951, 3.
40. Landespflege durch Waldwirtschaft. AFZ 1951, 14.
41. Wildbachgebietsbetreuung und naturnaher Wildbachausbau. AFZ 1951, 21, 22.
42. Weidenanbau gegen Bodenerosion. FA 1951, 11, 12.
43. Pflanzungen an Ufern. Garten u. Landschaft 1952, H. 2.
44. Gestörter Wasserhaushalt erschüttert Landeswirtschaft. AFZ 1952, 21.
45. Die Wegekartei. AFZ 1952, 25, 26.
46. Forsttechnische Bachverbauung als Landespflege. FC 1952, 7/8.
47. Wald und Wasserversorgung. GWF 1952, 20.
48. Wasserhaushalt, Wald u. Wasserwirtschaft, Jhrb. f. Wasserchemie, Weinheim 1952, XIX.
49. Holzzucht an Gewässern. HZ 1953, 14.
50. Der Wald als Mittel der Wasserpflege. Jahresber. Hess. Forstver., Gießen 1953.
51. Schutz- und Pflegepflanzen in der Kulturlandschaft. Ber. d. Akad. f. Raumforschung u. Landesplang., Hannover 1951, Bd. II.
52. Wald und Wasserhaushalt. GWF 1954, 16; D. Forstbeamte Bad. Württbg. 1954.
53. Lawinenschutz und Lawinenverbauung. Referat f. FAO Arbeitsgr. Tagg. Schweiz 1954.
54. Wasserschäden an Wegen und Straßen. AFZ 1955, 43.
55. Über Wald und Wasserhaushalt im Ruhrgebiet. Intern. Vbd. Forstl. Forschungsanst. (IUFRO) Sect. 11. Oxford 1956 – 56 – 11 – 14.
56. Wald und Wasserhaushalt im Ruhrgebiet. GWF 1956, 12.
57. Sicherung und Begrünung beweglicher Böden beim Waldwegebau. AFZ 1956, 31/32.
58. Naturnahe Behandlung von Wasserläufen. Festschr. Schwenkel, Landesstelle f. N. u. L., Ludwigsburg 1956, 24.
59. Naturnaher Ausbau von Mittelgebirgs-Wildbächen. Landw. Verlag. Hiltrup u. AID 1957.
60. Neuere Erfahrungen bei der Wildbachverbauung. WW 1958, 7.

61. Über Verdunstung und Abfluß im Mittelgebirge. Referat f. VII. Arbeitstagung der IUCN, Athen 1958, IX.
62. Bodenerhaltung und Wasserpflege in Einzugsgebieten. GWF 1959, 2.
63. Die Ordnung des Wasserhaushaltes im Mittelgebirge. Festschr. H. Burger, Zürich-Birmensdorf (Versuchsanstalt) 1959.
64. Entwässerungen in Forstbetrieben. AFZ 1959, 10.
65. Wasserhaushalt, Wasserversorgung, Wassergesetze und Forstwirtschaft. D. Bayer. Waldbauer 1959, 12.
66. Pappel und Flurholzanbau an Gewässern. AFZ 1959, 41.
67. Neues Wasserrecht in Bund und Ländern. AFZ 1960, 27.
68. Forstliche Wasserhaushaltstechnik im Schwarzwald. Jahrsber. Dt. Forstverein 1960, Bonn-Duisdorf.
69. Wald, Wasser und Landeskultur. AFZ 1962, 13/14.
70. Biotechnischer Leistungswald. In: Forstwirtschaft im Dienste der Praxis. Hochschulwoche Freiburg 1961, BLV, München 1963.
71. Gesicherte Einbindung von Gewässern in die Landschaft. GM, Sonderh. 1963.
72. Naturnahe Sicherung von Küstenlandschaften und Einbindung von Deichen. WB 1963, 11.
73. Der Naturschutz und die Dreieinheit von Boden + Wasser + Bestand. Natursch. i. Niedersachsen, 3. Jg. Eberlein, Hannover.
74. Der Wald in unserer Lebensordnung, Gewässerpflege. In: Das Leben. Hamburg-Sasel 1964, 4, u. 1965, 2.
75. Lebens-Element Wasser und Lebensgemeinschaft Wald (Wasserhaushaltstechnik oder Hydronomie). GM 1967, 4.
76. Wasserhaushalt und Einzugsgebiet. Autorreferat über Forschungsber. GWF 1969, 28.

b) Beiträge zu anderen forstlichen Problemen
77. Gesellschaftliche Unternehmungen als Waldbesitzer. SFJ 1929, 5.
78. Überwachung forstlicher Qualitätswirtschaft mit Hilfe einer Kartei. SFJ 1930, 15.
79. Forstliche Wirtschaftsstatistik. SFJ 1930, 21.
80. Forstökonomische Geisteswandlungen. WAF 1931, 22.
81. Bemerkungen zur forstlichen Gesetzgebung. SFJ 1931, 23 – 24.
82. Kausalität und Kritik in der Forstwirtschaft. WAF 1931, 4.
83. Wasserrechtsgesetz und Forstwirtschaft. SFJ 1932, 3 – 4.
84. Mathematische Bearbeitung forstwirtschaftlicher Tatsachen. SFJ 1932, 7.
85. Bildstatistik. SFJ 1932, 1.
86. Geistesströmungen und Forstwesen. SFJ 1933, Sonder-Nr.
87. Lehren aus der Krise für die Forstwirtschaft. SFJ 1934, 7 – 8.

88. 40 Jahre Arbeit für das Forst- und Jagdwesen unserer Heimat. SFJ 1935, 7.
89. Geschichte der höh. Forstschule Weißwasser-Reichstadt 1855 – 1935. Gedenkschrift, Selbstverlag Reichstadt 1935.
90. Bestandesaufnahmen nach Durchmesserklassen. SFJ 1935, 11.
91. Ökologie und Forsteinrichtung. WAF 1936, 29.
92. Genossenschaftliche Grundsätze in der bäuerlichen Waldwirtschaft. D. Deutsche Landwirt, Prag XII, 1936, 8.
93. Grundriß der Forstwirtschaftslehre für landwirtschaftliche Fachschulen. 1937, Verlag Landwirtsch. Unterrichtsztg. Merkblatt 3, Prag XII, Slezská.
94. Die Erneuerung des Wasserrechtes u. d. Forstwirtschaft. SFJ 1937, 8.
95. Die Forstwirtschaft in der Tschecho-Slowakei. ZWF 1937, 12.
96. Die Veredelung unserer Wälder und die Forsteinrichtung. SFJ 1937, 14.
97. Deutsche kulturelle Leistungen auf forstlichem Gebiet. D. Ackermann aus Böhmen, Karlsbad 1938, 1.
98. Wasserrecht und Forstwirtschaft. SFJ 1938, 5.
99. Lebensbilder hervorragender sudetendeutscher Forstleute. SFJ 1938, 12.
100. Wald und Waldwirtschaft im Sudetenland. 1938, DFW Nr. 84; Dt. Holzanzeiger Nr. 131 und SFJ Nr. 11.
101. Forsteinrichtung und Einzelstammwirtschaft. SFJ 1938, 11.
102. Der sudetendeutsche Forstverein. DFW 1938, 98.
103. Der Wald im Protektorat und in den Karpatenländern. DFW 1939, 34.
104. 150 Jahre österreichische Kameraltaxationsmethode. TFJ 1939, 2, 3.
105. Die Forsteinrichtung im Sudetenland. DFW 1941, Bd. 23, Nr. 67/68 u. 69/70.
106. Grundzüge einer sudetendeutschen Forstgeschichte. FC 1941, 8, 9.
107. Forstgeschichtlicher Überblick mit besonderer Berücksichtigung der Forsteinrichtung im Sudetenland. TFJ 1941, 11 – 12.
108. Spaniens Forstwirtschaft saniert Landschaften. AFZ 1961, 7.
109. Schädlingsbekämpfung durch Sprühen von Dieselöl als Giftträger. AFZ 1961, 27/28.

c) Fremdsprachliche Arbeiten
110. Duševni vztahy člověka k lesu. Lesnická Práce, Pisek 1928, IX.
111. Torrent Control and Forest Management (Biological control in areas surrounding torrents). Referat FAO-Studienreise 1952 nach

Frankreich. Nancy, Ecole Nat. d. E. e. F. 1952
112. Ecological Landscape Management in Torrent Catchment Areas.
VI. Techn. Meeting Int. Union for the Prot. of Nature (IUPN).
A.G.5. R.T.6 Edinburgh. Brussels 1956.
113. Rehabilitation by Landscape Biology along ill-regulated waters.
The Nature Conservancy, 19 Belgrave Square, London SW 1.

d) Nachtrag
114. Wasserhaushaltstechnik als Grundlage des Hochwasserschutzes.
Interpraevent. Klagenfurt 1967.
115. Steuerung des Wasserumlaufes durch Wald und Talsperren. Interpraevent. Klagenfurt, Villach 1971.
116. Grenzen und Möglichkeiten der Vorbeugung vor Unwetterkata-
strophen im alpinen Raum. Interpraevent. Klagenfurt 1971.
117. Gewässerkundliche Untersuchungen und landschaftliche Grundausstattung von Einzugsgebieten. Essen 1976.